U0121413

大展好書　好書大展

大展好書 好書大展

超經營新智慧 12

成功隨時
掌握在凡人手上

竹村健一／著
林雅倩／譯

大展出版社有限公司

◆序章◆

只是一個作法不同
就會造成幾十倍差距的時代

賺大錢回饋給社會

不論是誰或多或少都想要賺大錢或成為有錢人，但是不可能所有的人都能夠成為有錢的人，因此有的人一開始就放棄了，或者是故作放棄之態？

根據媒體的報導，有錢人和平常人的財富差距不斷地拉大，而且媒體也有否定報導的傾向，讓人覺得賺錢是一種壞事。但是很明顯的，國內的經濟是藉著締造許多利益的企業的力量，才能夠增大或者縮小。

不論是傳播媒體或者是社會、個人及企業，對於賺錢都應該有積極的想法才對。能夠賺錢，就能夠創作一個容易居住的好社會，能夠做很多以往不可能做到的事情，讓個人的生活更為豐富。如果有餘力，甚至還可以回饋給社會。所以，企業提升利益及個人的消費，會使得經濟更加活絡。

「微軟電腦公司」的總裁比爾•蓋茲，目前擁有兩兆多元的個人資產，換言之，如果他可以活到七十歲，那麼一年使用三百多億元，亦即再怎麼奢侈浪費，恐怕這輩子也花費不完。

況且他也不是一個浪費的人，比起一般上班族而言，他是一個對物質慾望淡泊的人，這樣的人為什麼還要努力地存錢呢？事實上，他只是想到讓「微軟電腦公司」經常領導市場，結果卻產生了龐大的財富，資產不斷的增加。

從十幾歲開始就成立公司的蓋茲先生，在不到四十歲時，其公司就成為世界第一公司，自己也成為世界首富。這個事實的確刺激了很多有能力的年輕人，給予他們希望和勇氣。他們也希望自己能夠成為第二、第三個比爾・蓋茲，希望擁有新的商機、開發新的科技，發現隱藏的賺錢方法。因此，會創造出二十一世紀新的商業範圍，同時也與雇用的增大和經濟發展有關。

不只如此，擁有兩兆多資產的蓋茲，還公開說明「死亡的時候，要捐出百分之九十五的資產」，換言之，將捐出兩兆元來回饋社會。的確是有非常大的利用價值。而他留在手邊的一千億元，也足夠他的妻子使用了。

ＣＮＮ的泰德塔納，在不久之前還將十億美元捐給聯合國。這個金額就是美國政府一直滯納的聯合國分擔金額的總額。他的捐款並不是代替政府來進行的，也可以象徵說是個人代表國家進行的事例。

在美國有很多具有賺大錢能力的創業者。

與基督教生活有密切關係的美國，有捐款這種傳統習慣，著名的洛克菲勒就曾說「我能夠賺大錢是因為神眷顧我」，因此捐了很多的錢。

歐美等基督教國，會捐出收入的一成，這也是他們一般的生活習慣。甚至是擁有容易讓人民捐款的稅制，也就是配合捐款的金額可以抵稅。

相反的，像日本高額所得者，其收入的百分之六十五都必須要納稅，因此，根本就不想捐款。人必須有餘力才會回饋社會，因此日本政府，一開始就已經決定使用這種善意的捐款方式吧！

改革稅制，創造一個容易捐款的環境，這樣也許能夠提高事業成功者貢獻社會的意識，同時也能使自己想要成就事業、想要得到成功的有為年輕人增加，培養他們發展之芽。

能夠賺比別人多幾十倍錢的商業

即使再怎樣努力、再怎樣工作，通常也只能賺比別人多兩倍的錢，賺不到十倍、百倍的錢。

但是本書中所列舉的七位經營者，全都賺到了比普通經營者多出了幾十倍或幾百倍、甚至幾千倍的錢。

他們並不是採用以往工業時代銷售物品的傳統型事業，而是在完全不同的範圍內進行商業行為。

就像比爾・蓋茲「微軟電腦公司」開發軟體，幾乎不是直接賣給使用者，而是只要下載在硬體廠商製造的個人電腦當中，而銷售商品的是硬體廠商，只要硬體賣掉就能夠賺錢，絕對不會有賣剩的東西留下來。一旦開發的軟體，事後只要拷貝，就能夠成為利益。這種行業的確可以形成營業額多到好幾倍的業績。

菲爾奈特的「耐吉」看似傳統型的企業，但是賣的不單只是運動鞋而已，同時還販賣了夢想這種附加價值，也就是大家都希望穿和麥克・喬登等大明星同樣的鞋子。

孫正義的手法，與以往的經營者型態完全不同，因此在日本被視為是權勢集團，並未搏得財界的好感，不過至少今後想要有所發展的企業家，應該要更研究參考他的手法才對。

他的本業原本是個人電腦軟體的販賣與出版。通常利用這個本業就能使公司有所成長，若不是非常幸運的話，恐怕沒有辦法得到多達好幾倍業績的成長。

如此一來，就像許多其他公司一樣，為了製造商品就必須先成立工廠，因此，必須要擁有很多的人員。

但是像「SOFT BANK」一樣，內容是在本業的延長線上，因此已經成立而且擁有業績的公司，只要藉著股票的買賣，巧妙納入傘下，每年就能增加好幾倍的業績。

「SOFT BANK」以在本書中所介紹「雅虎」的日本法人「日本雅虎」為例，占有百分之五十一的股份，面額五萬日幣的股票到九九年一月時，已經超過了一千萬日幣，從成立的九六年開始，不到三年期間就增加了二百倍。目前概念計算以總額四百三十億日幣出資得到股份的利益，到一月時已經超過了一兆二千億日幣。

孫社長的作風脫離了日本人的作法，就是因為考慮自己公司規模時，一般人認為危險不願意出手的購物行為，他卻願意去嘗試。當然看不準的話，一定會蒙受極大的損失，但是到目前為止，卻一直得到成功，他自己也不斷地建立財富。

比爾·蓋茲或孫先生的作法，如果就以往的想法來看，就好像是投機取巧的方法，狡猾的作法。但是，他們不光是自己賺錢，同時也考慮到整個產業，以及利用個人電腦的整個社會，因此想要藉著勞力省力化，或是在短時間內完成重要的事情，達成這類的願望。

投機創業家必須擁有極大的夢想，為了實現大夢，必須要注意到以往其他人沒有察覺到的範圍，發現別人沒有嘗試過的手法。

二十一世紀的經營者必須要改變眼光才行。

本書的整理，得到業餘編輯者兼作家山我浩的幫助。特別關於美國經營者方面，有很多我不知道的地方，他也幫忙共同完成作業。在此表達感謝之意。

目錄

第2章 揭示較高的遠景

◉——史蒂夫·喬布茲　蘋果電腦公司暫定CEO

第3章 發現機會

◉——楊致遠 雅虎創業者

第4章 結交能夠支持舞臺的朋友

◉——桑福德．懷爾 花旗集團共同董事長

第5章 給「夢想」附加價值

◉——菲爾・奈特　耐吉董事長

第6章 利用「交涉力」與「行動力」做人處事

◉——孫正義　SOFT　BANK董事長

第7章 自己覺得正確的事情，才是值得投注的事業

◉——南部靖之 帕索納集團代表

第1章

思考是否更能讓顧客滿意

比爾・蓋茲
微軟電腦公司總裁

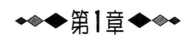

△世界第一企業經營者的眞實風貌

車子駛離機場，前行不久到達西雅圖的街道，看到了成立在大都會的高樓大廈。我心想「可能就在這裡的高樓大廈裡吧」，因此眼光追蹤著建築物想要找尋。但是車子並沒有減慢速度，通過高樓大廈前面，朝郊外駛去。

風景逐漸變成了鄉村景致，奔馳在單調道路上，一會兒之後，車子停在一棟看似學校的建築物前面。看似平房，事實上卻是兩層樓建築物的看板上寫的，正是我們要找的「微軟電腦公司」的名稱。

前來迎接我們的比爾·蓋茲總裁，穿著輕鬆的襯衫，沒有穿西裝打領帶，很快的帶領我們參觀整個公司。

職員工作的房間都是個人房，這也是美國辦公室的特徵。看到在那工作的每一位職員，都沒有穿西裝打領帶，大家穿著自己想穿的服裝在這工作，會讓人產生一種錯覺，好像走進了大學校園似的。而他們看起來真的就好像大學生一樣的年輕人。

我不禁感覺到今後二十一世紀型的情報通信產業，將會在這種自由氣氛當中，由年輕人建立起來。

蓋茲先生並不是幽默風趣的人，因為他原本就不是營業員而是技術者。而且因為公司急速成長，必須要應付陸續到來的訪問，因此，他感覺沒有什麼時間。

這時候他已經是世界首富，而生活卻非常的平凡，和普通的公司職員相同，甚至搭乘橫渡太平洋的飛機時，他都還會坐經濟艙。

不像世界頂尖企業領導人的打扮，但是，蓋茲先生卻有一件事情深感驕傲——

「我現在總算成家了。」

已經結婚的他，打算購買將所有世界名畫透過網路能夠觀賞的權利。也就是說「繪畫的數位化權」。到現在我還想到他當時得意的對我說明，他把世界上的美術館收藏在家中呢！

當然他的住宅並不小，世界上有很多超出世人想像的大宅邸，如宮殿一般華麗，而又燦爛奪目的城館。但是，看到後來新建完成的宅邸照片，就好像聳立在森林當中的城堡一樣。

不過，他家的客人隨時都可以與主人取得連絡，而且會配合客人的移動，隨時有音樂或是觀賞的影像出現。擁有這些高科技設備，的確是世界第一高科技企業之主。

持續經營本業

在一九九四年我曾寫過一本書，書名叫做『不了解多媒體就無法探討明日』，當時，在日本擁有許多關於多媒體的情報，尤其在企業經營方面，也開始了電腦以及網路的高度利用。

但是在不久的將來，新的情報通訊、媒體的發展，對人的生活會造成極大的改變，而這些產業的周邊會隨者日本基幹產業的成長而產生很多的商機，可是卻沒有很多人了解到這一點。

然而，在我身邊有很多海外友人以及從事國際活動的企業人，還有來自海外的報章雜誌等，讓我了解到了這個大變化已經逐漸實現了。在不久前還在感慨經濟不景氣的美國，新的活力開始膨脹起來，副總統高爾提出情報超越高速公路構想。而我每次造訪美國的時候，同樣的預感就不斷地增大，而且變成一種實際的感覺。

在這種氣氛當中，好像是我在催促編輯出版的書，能夠滋潤讀者乾渴的好奇心，成為暢銷書籍。

在去年末時我見到了比爾・蓋茲，當時才三十八歲的他，已經在『fauuves』雜誌票選美國有錢人的排名上，成為歷史上最年輕的第一位。九三年時屈居第二，但是九四年以後寶座屹立不搖。

從九五年開始一直持續居於領先的地位，成為世界首富。

有一陣子，美國的經營者批判他取得太多的報酬，蓋茲先生對這些批判聲浪充耳不聞。在日本人的眼裡看來，只算是年輕人的這個人物，卻成為創業者、最高經營責任者（CEO），君臨由年輕人組成的微軟電腦公司，這公司在短期之內急速擴大、急速成長，而且很多的職員也藉者配股制度擁有自己公司的股票，賺了大錢。

有錢人不光是最高經營責任者，同時微軟電腦公司的股票時價總額也是佔世界第一位，也就是世界最有錢的公司。

有句話叫做美國大夢。微軟電腦公司的比爾・蓋茲，就是實現美國大夢的人。的確，在以往要獲得大成功，需要非常大的幸運。

即使幸運在他這個時代降臨到他這個年輕人身上，但是，因為他是以自己最感興趣的事情為對象，所以才能夠在這方面開花結果，掌握了最佳的時機。

幸運經常是巧合的，但是以比爾・蓋茲而言，應該是含有相當多的**必然要素**在裡面。從比爾・蓋茲和微軟電腦不久的歷史來看，世界首富經營者、世界第一企業誕生，應該是理所當然的事情。

探索比爾・蓋茲為什麼能夠得到如此大的成功，我想不單是看成一個成功的故事，同時應該可以從中得到事業成功的實質啟示吧！

身為成功經營者的他，事實上有各種要因，特別具有特徵性的有兩點：

第一就是微軟電腦公司始終貫徹一致，持續他們本業的基礎在「電腦軟體」上，而且一直是以這個事業為主，不斷地發展。

另外一點就是，這公司經常基於挑戰者立場向新的領域挑戰，然後再將其納入本業軟體中或者是其周邊軟體。

軟體及周邊軟體的商業範圍，就好像宇宙大爆炸之後，以驚人的威力不斷地膨脹的大宇宙一樣。而在裡面持續挑戰的巨人微軟電腦公司，對於矽谷其他企業而言，的確是一個非常可怕的威脅。

微軟電腦公司是稱霸世界的帝國，而毫不留情的帝王比爾·蓋茲擁有龐大的野心，太強勢的強者，所建立的公司，絕對不讓別人有機可乘。

難道比爾·蓋茲是必須要驅逐競敵的獨裁者嗎？難道他建立這麼大的市場還不滿足嗎？到底他要把事業擴大到什麼地步為止才會覺得滿意呢？

我認為以這樣的方式來看他是不對的，事實上我想藉者解釋眾人對他的誤解，來說明這位新世代的經營者——比爾·蓋茲「成功的祕訣」。

軟體或硬體

以往談到世界大企業，我們腦海中浮現的公司，幾乎都是製造硬體的企業。但是微軟電腦公司創業至今，卻以一貫的方式製造出下載在個人電腦的軟體。藉者銷售軟體的成長成為世界第一公司。

同樣與個人電腦有關的公司，日本的NEC或者是富士通等，和微軟電腦公司都不同，因為這兩家公司都沒有自創的個人電腦。

現在，到處都可以買到在世界上擁有市場龐大佔有率的OS（作業系統＝基本軟體）Windows，但是大多數的人都不會特定去買。因為只要買了NEC或富士通、IBM等的個人電腦，就會搭載Windows。

對於選擇個人電腦的人而言，不管何種機種都會搭載這種軟體，因此光靠硬體的好壞或價格等，無法成為購買機種的條件或動機。

以最近個人電腦的銷售傾向來看，Windows 95 上市之後，掀起了個人電腦旋風，Windows 98 上市之後，個人電腦更為暢銷，所以軟體的內容會領導硬體的銷售情況。

個人電腦這種硬體，基本上是一種裝置，只是一個箱子。如果沒有驅動這種裝置的軟體在裡面，只不過是一個普通的箱子而已。所以不必特別去換一個箱子，只要換購裡面的軟體就夠了。

驅動個人電腦力量的微處理器，逐年進化，提升力量增大記憶容量、加快處理速度等，裝置不斷地提升。如果裝置提升，當然就可以處理新的事物。

因此，軟體和硬體互相提升水準，都能夠締造好的銷售佳績，然而其中的領導者的確是軟體，可是直到最近很多人才察覺到這一點。

搭載微軟電腦公司的MS—DOS這種OS的IBM個人電腦在一九八一年上市，而當時微軟公司因為已經開發了驅動軟體所需的程式語言BASIC，而非常的著名，可是還是沒有辦法和電腦業界的巨人IBM相比。

但是現在如何呢？昔日不滅的優良公司大型電腦之雄，在個人電腦範圍內也陷入苦戰，在世界最強的微軟電腦公司，卻完全扭轉了趨勢。

△訂立軟體的世界標準

蓋茲曾經說IBM、DEC等電腦業界的大廠，如果以他們自己擁有的技術開發力來說，的確有可能領導個人電腦，成為個人電腦用基軸的軟體市場。

但是，他們卻忽略了個人電腦的市場，並沒有想到可以將個人電腦的軟體灌入主機中，因此無法威脅微軟電腦公司。

原本ＩＢＭ的個人電腦，以多重意義來看都是跨時代的產品。以往與ＩＢＭ有關的硬體或軟體，全都是由他們公司自己開發出來的，不過關於新的個人電腦，微處理器是向英特爾購買的，ＯＳ則是向微軟電腦公司註冊的。「ＯＳ被註冊，因此其他的公司也可以使用這樣的軟體」——這顯示出驅動電腦系統確立標準的第一步之可能性。而立刻察覺到這種重要性，並且加以重視應對的，就是比爾・蓋茲。

開發期間只有一年，將以往個人電腦所使用的程式語言予以程式化，接著ＢＡＳＩＣ實現業界標準的微軟電腦公司，從事這項工作時也遇到了很多困難。

蓋茲購買了在西雅圖一家軟體公司的開發中軟體，物色其中主要的技術者，希望ＭＳ—ＤＯＳ開發能夠達到完美的境界。

光是這樣還不夠，第一代的ＩＢＭ—ＰＣ除了ＤＯＳ之外，還準備了數位調查的ＣＰ／Ｍ—86、ＵＣＳＤ、ＰＡＳＣＡＬ—Ｐ兩大系統的ＯＳ讓顧客來選擇。但是後來選擇ＤＯＳ的人比較少，因此即使可以開發出來，卻封閉了成為標準的道路。

因此，蓋茲在他的著作『述說比爾・蓋茲的未來』中，曾經訂出了三項策略：①ＭＳ—ＤＯＳ要成為最高製品，②其他軟體公司要協助開發在ＭＳ—ＤＯＳ上使用的應用軟體，③MS—DOS要以低價格銷售。

事實上，微軟電腦公司成功地與IBM達成交易，只支付八萬美元就允許IBM製品能夠擁有搭載MS—DOS的權利。如此一來，IBM廉價銷售MS—DOS就能夠賺更多的錢。結果IBM其他的OS、CP／M—86賣一七五美元，UCSD、PASCAL—P系統大約賣四五〇美元，而DOS只賣六〇美元，價格的確非常便宜。

IBM個人電腦非常的暢銷。IBM個人電腦用的應用軟體也陸續登場。其中像試算表軟體「LOTUS1—2—3」等優良的暢銷軟體也出現了。

另一方面，得到公司以外的力量，開放開發完成了IBM個人電腦，也誕生了可以互容其他公司系統的個人電腦。當然，相容機的OS也是根據MS—DOS的專利。

以僅用八萬美元與IBM達成交易為起步，短期內看來好像蒙受極大的損失，但是由於MS—DOS急速擴大，個人電腦市場的「標準」確立之後，反而能夠得到更大的財富。事實的確如此。比爾・蓋茲的想法是正確的。

不論是硬體或是軟體，對於還沒有實績的新企業而言，與其注意需要大型生產設備的硬體，還不如從只需要人力資源以及開發機器就可以開始的軟體出發。

儘管自己沒有生產線，只要擁有外包工廠，就可以解決這類問題。例如，從汽車修理廠出發，後來成功的推出麥金塔的蘋果電腦公司就是其中的一個例子。微軟電腦公司和蘋果電腦公司是對照企業，不過依目前狀況而言，無法判定軟體專業比較強勢。唯一可以說的就是將焦點對準軟體，是成為支配市場的重要原因。

而比爾·蓋茲經常會努力擁有能夠支配軟體市場的環境條件。MS—DOS與IBM的交易就是他的一項努力。

蓋茲最初的夥伴保羅亞倫就是以軟體為專長，想要創立一個軟體公司。兩個年輕人想要加入建立與個人電腦有關的作業，於是很自然的就會從軟體著手。

他們為各種硬體廠商的機種寫程式語言，以廠商在企業內開發時要花的費用一半以下的便宜成本提供專利。不久之後，幾乎所有的個人電腦都使用微軟電腦公司的語言。

少年時代的個人電腦

少年時代的生活環境對於微軟電腦公司創始而言，的確非常適合，在學校由於母親們的提議給予孩子們昂貴的電腦終端機，與現在孩子們用的個人電腦相比，處理能力比較低，是低速的機器，但是圖體巨大，的確是「電腦」。

比爾·蓋茲少年時，在十三歲的時候就製作了很多個人電腦遊戲，但因為沒有螢幕，很難處理這種機械，他寫下了最初的程式。比爾少年時就非常喜歡電腦，深受其吸引，而且逐漸培養了高度的寫程式技術。

十六歲時與年長三歲的朋友保羅·亞倫成立公司。使用性能比較低的英特爾公司開發的微處理器，兩人寫下了分析交通監控情報的程式，開發出使用這種程式的電腦。兩人想出了增強微處理器的力量來驅動電腦的方法，但是，這家公司的機械並不暢銷。

七四年十二月，保羅看了一本『大眾電子』雜誌，上面介紹了關於個人電腦的內容，其中還介紹了英特爾的微處理器，令兩人感到很興奮。

他們相信接下來的時代一定是個人電腦的時代，希望自己也能成為主角，因此兩個年輕人下定了決心。

與七二年所成立的公司不同，他們想要成立一個更正統的公司，因此他們開始書寫程式語言ＢＡＳＩＣ。只是趴在桌上或者是有時躺在床上小睡一會，不分晝夜，兩人集中精神寫程式，花了五週完成了ＢＡＳＩＣ。

微軟電腦公司的誕生

一九七五年，在新墨西哥州的阿伯爾克基誕生了微軟電腦公司。當時已經從哈佛大學休學成立公司的蓋茲還不到二十歲。

保羅・亞倫以及比爾・蓋茲認為，將來的電腦價格應該會非常便宜，所以小公司或普通家庭都可以擁有個人電腦，為了活用電腦就會產生大量新的軟體。

「我們要比別人更早開發出這些好的軟體」，兩人開始這麼想。

在阿伯爾克基有一家ＭＩＴＳ公司。ＭＩＴＳ公司對他們而言是最初的主要客戶，最初一年還提供他們辦公室，但是被其他的公司收購之後，就停止了對微軟電腦公司的支付。後來雖然經由訴訟獲勝解決了問題，不過當時曾經有過一年內都沒有收入的痛苦經驗。

蓋茲在最初創業的時候，不光是程式設計的工作，還負責銷售、經營以及行銷。而他負責推銷的是製造個人電腦的廠商。

如果真的需要軟體，廠商也是會購買軟體，但是並不是說販賣軟體如此簡單。如果不能以**好的價格**來賣斷，就沒有辦法使兩人小小的公司有所發展。但是，對方不見得真的了解軟體的價值及重要性。

事實上不久之前，在國內要評估軟體的實際價值，以適當的價格來銷售是很困難的。尤其像日本，很多企業認為只要買硬體就會附帶軟體，因此，不願意花錢買無形的軟體，這種風潮依然根深蒂固。

才二十歲的比爾‧蓋茲，即使在較弱立場，但是，他還是很有耐心的對於購買個人電腦的顧客訴說，是否附帶軟體是非常重要的決定，結果成功的以自己要求的價格賣掉了軟體。

他今年已經年過四十，臉上還殘留一些童稚的表情，可是遇到交涉的事情決不妥協。即使對象是倔強的高大男子，他也不退卻，要讓對方了解自己的主張。

蓋茲拼命的向廠商解說，即使廠商願意購買，也沒有辦法同意蓋茲所提出的金額。當然微軟電腦公司所製造出來的軟體，對於硬體廠商而言，是必要不可或缺的東西。但是軟體開發相當花錢，不願意支付開發費用的廠商，從微軟電腦公司那裡購買軟體，最後微軟公司的ＢＡＳＩＣ就獨佔市場。

微軟公司獨佔了美國軟體市場，鞏固公司的基礎之後，到了一九七八年，有一位日本年輕人打電話到該公司去。蓋茲稱為凱的這個日本人就是西和彥。西和彥用英文自我介紹，他說：

「我看到雜誌報導知道微軟電腦公司的事情，我想和你一起做生意。」

和蓋茲同年紀的西和彥，在東亞市場得到了微軟電腦公司ＢＡＳＩＣ的獨佔銷售權。結果微軟公司七九年的營業額將近一半都來自日本。

八三年蓋茲和西和彥兩人，也設計了搭載簡單軟體的小型膝上型個人電腦。蓋茲本身設計的這個機種，在美國由 Radio Shack 公司以ＭＯＤＥＬ１００、日本以ＮＥＣ與ＰＣ－８２００、歐洲則以歐里貝提Ｍ－10之名銷售。在美國售價七百九十九美元，非常便宜，因此，這個小型機器上市後就成為大眾化的長銷商品。

雖然他們兩人在八六年各自選擇不同的道路分手了，但是蓋茲對於西和彥的評價仍然抱持者尊敬的念頭。

七九年一月，微軟電腦公司搬離了阿伯爾克基，位於現在的華盛頓州的西雅圖定居。當時微軟公司的職員只有三十人，後來加入新經營陣容的大學時代的朋友史帝夫·巴爾馬，促使蓋茲將職員增加到五十人。

之後，該公司的職員快速的持續增加。

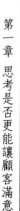

△「任何人都容易操作的個人電腦軟體」

個人電腦畫面上各種的選單都已經成為插圖化的畫像陳列在那。只要滑動滑鼠對準自己想使用的選單的插圖，按一下畫面，就會立刻轉換，出現你所想要的軟體。難解的程式不必自己輸入，以這種圖解的方式即可完成。因此，即使不是非常懂個人電腦的人也可以使用，結果開始廣泛普及。

能夠辦到這點的最初模型，事實上是在七三年誕生的。由全錄公司的帕洛亞爾特研究所製造出來的。但是，全錄公司並沒有將其商品化的意思，只供研究用而已。

微軟電腦公司也想製造出這種圖解的ＯＳ。比爾・蓋茲認為這樣的話，則操作性就能夠比以文字為主體的ＭＳ－ＤＯＳ更好。而且個人電腦比以往容易了解，也更容易與大眾親近。

因此，微軟電腦公司在八三年發表，將開發視窗這種新的圖解應用系統的計劃。不過在翌年初期，蘋果電腦公司已經推出了搭載圖解ＯＳ的個人電腦——麥金塔。Windows 在兩年後的八五年底才上市。

麥金塔的確捕捉了很多個人電腦迷，成為暢銷商品，持續銷售。但是麥金塔獨特的ＯＳ，蘋果公司不讓其他公司的個人電腦使用，因此大半的個人電腦也只能繼ＭＳ－ＤＯＳ之後，採用Windows。

同樣是電腦，但是主機的品質、次元完全不同的個人電腦，成為獨特的商品推出，蘋果公司並不打算公開ＯＳ，領導軟體市場，結果仍然無法脫離硬體廠商的界線。這個選擇只會使他們自己將來之路變得非常狹隘，拓展了微軟電腦公司鞏固帝國之路。不過，最初並沒有預見這樣的結果。

麥金塔優秀的畫像處理能力，深受設計師及印刷業有關事業的歡迎，因此現在仍然保有熱烈的麥金塔迷。另一方面，微軟電腦公司的Windows滲透到使用者之間的步調並不是很快。

一直步後塵的Windows，考慮到不能成為麥金塔的複製品，而且必須是以往IBM相容機可以使用的商品，所以花了很長的時間研究其內容，但是，卻一直沒有辦法超越麥金塔。

事實上，當Windows還在開發中的時候，軟體、硬體廠商正陷入混戰當中，甚至有一些公司宣佈要參與圖形OS的製作。但是，並沒有成功者出現。Windows 1.○版內容無法勝過蘋果牌電腦，只有微軟電腦公司在遇到困難的開發途中，依然沒有放棄，持續將其製品化。

Windows的起步不良，是因為大型的軟體廠商錯誤評估了新OS的未來，Windows用的應用軟體開發的對應較遲。此外，使用者之間傳出了「需要大量的記憶容量，不需要成本昂貴的Windows，只要MS—DOS就足夠了」的聲浪，也造成影響。

微軟公司在八八年推出了Windows 2.○、九○年推出了3.○。這時候才成功的將其成為一種商業。3.○在兩年內賣了一千萬部，九二年推出的Windows 3.1，則賣出的數字更是多達數倍，事實上的確稱霸世界。九五年推出的Windows95，更提升了一級，利用圖形OS就能夠拓展力量。八月推出英文版、十一月推出日文版，受到使用者狂熱的歡迎，全部擁到店舖前面去購買，獲得大成功。

微軟公司不但是軟體開發技術者，還兼企業經營者，在比爾．蓋茲的領導之下，大家合為一體發揮集中力。他的選擇之路是正確的，維持一貫的執著態度來達成目的。

看起來幾乎沒有遇到危機，遇到失敗也不曾繞道、一直順利奔馳的微軟電腦公司，但是在開發Windows 的過程當中，就可以了解到它並不是一直獲勝的。

企業勁敵也有很多優秀的人才，發展日新月異的個人電腦的世界，並沒有堪稱王者、能夠壓倒眾人的人出現。

與微軟電腦公司一直維持互助關係，在個人電腦市場順利起步的IBM，似乎無法充分了解到這一點。

除了開發 Windows 之外，微軟電腦公司還另外開發了圖形應用系統OS／2，而這開發不久之後與ＩＢＭ共同進行。

對於想要開發更好的圖形ＯＳ的微軟電腦公司而言，ＩＢＭ比較接近大型電腦的設計思想，同時想要趕走相容機，重拾過去的光榮。

ＩＢＭ可能會因為封閉性系統，而失去因開放系統而得到的使用者。但是，問題不光是如此而已。事實上擁有許多有能力技術者的ＩＢＭ，目前並沒有剩下能夠與微軟電腦公司對等開發軟體的多餘人力。ＩＢＭ的開發遲遲未能進步，此外，還犯了一些致命的錯誤。

微軟公司不斷地努力而逐漸成形的ＯＳ／2，在Windows不斷地締造營業佳績的同時，它卻因為難以使用的理由而無法暢銷。

九〇年九月，微軟與ＩＢＭ發表共同聲明，中止了共同開發的行動。微軟電腦公司在九一年明確的放棄了ＯＳ／2。因此，微軟公司與ＩＢＭ的關係，變成只是藉著專利提供軟體的軟體廠商與硬體廠商之間的普通關係而已。

到這個時候，微軟公司已經彌補了以往Windows所欠缺的機能，成功的開發出能夠擴展商業用工作站伺服器範圍的Windows ＮＴ。已經具備了即使不必持續開發ＯＳ

／２也仍然夠用的製品。

但是，目前成為世界頂尖企業的微軟電腦公司，在軟體業界成為頂尖企業的時間卻非常晚，是在八七年。

微軟電腦公司利用ＭＳ－ＤＯＳ和Windows稱霸個人電腦的世界。利用能夠推出ＯＳ而成為經常領導世界的更有效的手段，是其必要的條件，但卻無法保證能夠提升其營業額。

如果說，每一台個人電腦都有一套ＯＳ的話，價格也很便宜，微軟公司為了成為真正的王者，必須要大量銷售可以在ＯＳ上使用的應用軟體。事實上，微軟公司藉著將觸角伸向應用軟體，而產生了驚人的成長速度。

例如，該公司有一套暢銷的試算表軟體，不過在這個範圍，於某個時期之前，以Lotus公司的１－２－３擁有壓倒性的市場佔有率。蓋茲最初認為即使推出ＤＯＳ用的會計軟體，恐怕也無用。

因此，他首先想到製造沒有好試算表軟體的麥金塔所用的會計軟體，成為「人氣軟體」。後來又推出了與逐漸浸透到使用者之間的Windows對應的會計軟體。而Lotus

當初對於Windows的開發比較晚，而且也沒有對WINDOWS投入1―2―3。MS―DOS的勝利者Lotus，有了以上各種經驗，結果比Windows的發展更遲，對於微軟公司的應用軟體形成較有利的形式，因此它成為失敗者。

◬對於競爭對手給予徹底的集中攻擊

就在Windows 95得到驚人成功的時候，個人電腦世界在短暫的時間內，就因為存在著巨大的網路之普及而掀起了旋風。包括網路本身在內，利用網路而形成的新市場，或是對於新媒體可能性的對應都必須要注意。對於微軟電腦公司而言，這是非常重大的事件。

雖然很多人知道，能夠上網與世界的網路進行交換情報的網際網路很有魅力，但是在幾年之前，網際網路卻相當耗費成本，甚至只有學者專家和企業才會使用。後來，不斷開發能夠以廉價的成本，輕鬆地使用網際網路的技術之後，整理出能夠開放自由使用網際網路的系統，因此，網際網路普遍生存於民眾生活中。

其中最重要的科技，就是讓網際網路使用起來更容易的軟體，也就是由Netscape．Communictions 公司所開發出來的網際網路閱覽軟體。

比美國各地發展較遲一些的日本，不久前原本昂貴的連接費用，現在也變得便宜了。在這幾年當中，網際網路的使用者激增。世界上已經揭開了網際網路時代的序幕。

進入網際網路時代之後，微軟公司在這些關鍵科技的開發上似乎落後了。在世界上可以吸取廣泛大量情報的網際網路時代，有人認為像 Windows 這種的應用系統似乎已經不再需要了。

但是對於比爾・蓋茲而言，在網際網路的新舞台上，不可能無立足之地。

「讓電腦變得更簡單、更便宜而且更輕巧、袖珍，任何人都能夠使用」——藉此可以享受各種便利的樂趣。越來越接近他少年時代所想像的電腦未來。

微軟企業不讓 Netscape 專美於前，開發出了競爭商品——網際網路探索器，以猛烈的速度開始追趕。微軟電腦公司以具有開發商品的技術力及資歷來抓住對手，以 Windows 壓倒性的市場佔有率為支撐的營業力量非常強大。

九七年十月，美國司法部認為微軟公司對於硬體廠商強烈要求Windows和網際網路探索器的搭配銷售，是違反反托拉斯法的行為，因此提出控訴。司法院的主張在十二月由華盛頓聯邦地方法院臨時決議大致通過，但是在翌年五月時，美國聯邦控訴法院，推翻了這個臨時決議，判決允許搭配銷售。

而日本在一九九八年十一月，公平交易委員會對於微軟電腦公司日本法人的Windows和探索器的搭配銷售，認為疑似違反了獨佔禁止法，提出警告，建議予以排除。

司法機構微妙的判斷，讓我們了解到這種搭配銷售，並不是商業交易上不允許的行為，但是，微軟電腦公司以個人電腦市場領導者的立場，將銷售力當成強力的武器來使用，這的確是事實。

為了要獲勝，而充分活用自己能夠使用的力量是對的，但是，太過於強大的業界領導者，對於擁有獨特技術，開闢新範圍的投機企業發動攻擊，有的人認為這是不成熟的作風。

但是現在的微軟公司，也不需要採用這種搭配銷售的手段了。因為該公司的瀏覽器已經掌握了市場佔有率，滲透到使用者之間。

只要鼓足勇氣，充分發揮大帝國才擁有的力量，就可以進行有利的戰鬥，微軟公司的瀏覽器在市場佔有率急速提升，深獲使用者好評。對於蓋茲的這種說法，我們也不能夠加以否認。即使用強大的力量壓迫，但如果是內容不好、難以使用的軟體，恐怕也沒有使用者會忍耐著持續使用吧！

擺在工作站與分散型網路結節點的伺服器的範圍內，被視為「標的」的Ｊａｖａ語言開發出來，對於大規模業務擁有極高處理能力的伺服器，成為鞏固市場的子微軟系統。

對應網路開發出來的ＯＳ Windows ＮＴ或者是資料庫管理軟體的ＳＱＬ伺服器等，是以往微軟公司不會著手去開發的，適合希望得到更昂貴商品的大企業的商業軟體。

九八年四月，微軟公司和ＳＯＮＹ公司攜手合作，發表將共同開發數位電視等下一代的數位ＡＶ製品與個人電腦融合的技術。

微軟公司有攜帶終端的ＯＳ Windows ＣＥ。使用這種軟體的電視，只要配備了接收、操作裝置，就可以開發出雙向的電視，到時候相信就可以進入廣泛數位家電的範圍。

關於微軟公司和反托拉斯法的搏鬥，美國聯邦交易委員會以懷疑違反反托拉斯法，在八〇年展開調查，而這種非公開的調查，一直進行到九〇年為止。但是，聯邦交易委員會在九三年的結論，則是證明微軟電腦並沒有違反反托拉斯法。

儘管得到這樣的結果，但是，司法院還是以同樣的理由持續調查。結果司法院在九五年修正看法，認為微軟公司是屬於排他的商業慣行，而雙方達成了和解。到九七年，又因為網際網路使用的軟體搭配銷售問題引發了糾紛，在九五年以違反同意判決為理由，再度提起公訴。

蓋茲對於以電腦軟體相關的各種商業範圍，都會去接觸，似乎想要獨佔所有的範圍。即使是已經有參與者的範圍，也會毫不留情的攻擊，想要奪走市場領導的寶座。

「到底比爾・蓋茲要到達什麼地步才會滿足呢？難道我們流血流汗開發出來的技術稍微進展順利些，他就立刻想要獨佔嗎？難道不能讓我們享受一下甜美的果實嗎？到底要把我們擊垮到什麼地步呢？」

一些競爭企業經營者經常會發出這些牢騷。

微軟公司被稱為帝國，就是來自比爾·蓋茲的野心以及給人卑鄙的印象，他展開獨佔志向的商業，對於競爭對手徹底進行集中攻擊的手法，引起了這些糾紛。

對於商業而言，如果在這個範圍存在越大的話，就越想壓倒競爭企業，所以會被視為是奪走別人生存空間的專橫企業，這也是無可奈何的事。即使使用公平的作法，展開正當的生意活動，但是，一旦吞掉他人市場佔有率時，就會被視為是令人憎恨的敵人。

採用「吸收並擴大」的戰略

微軟公司藉者MS—DOS和Windows，獲得應用系統的世界標準，結果超越了擁有獨特OS的蘋果電腦公司，將其納入旗下，這個作法並沒有錯。

正如數位家電一樣，今後的展開主角是誰，誰也無法預料。在這種市場的環境之下，微軟公司的確擁有能夠進駐這種環境的資格。問題在於就像伺服器或是網際網路用的軟體一樣，已經有了開拓者，確立有力的技術情況。

但是，我絕對不認為新的企業參與已存在的市場是不對的。微軟公司在巨大的市場中獲得壓倒性的市場佔有率，這是他的優點，但是若因此而形成欺負弱者的形象，就會令人皺眉。對於使用者而言，只要有用的商品技術出現時，即使有新的競爭者加入，互相切磋琢磨，能夠製造出內容更好的商品，當然是更可喜的現象。

蓋茲所寫的『述說比爾・蓋茲的未來』一書中，說明為了超越Netscape，因此微軟公司採取：

「吸收並擴大」的戰略。

這是以前Lotus所採用過的戰略，也是對付Lotus 1—2—3所採用的EXCEL所採用的戰略。也就是說，每當有新版出現時網路探索器，會將Netscape的開發機能，及其他受人歡迎的瀏覽器的機能全部吸收，同時再瞄準Windows和麥金塔兩邊使用者的需要，給予新的機能。

所以微軟公司的網際網路科技，最重視的就是靈活的Webside。

當然在Netscape方面，每當有新版的時候，會吸收以往所沒有的新機能，並加以擴大。這種互相切磋琢磨的作法，對於使用者而言當然更好，能夠發展出更方便使用的軟體。

在此，我希望各位注意到的就是，蓋茲並不執著自己所擁有的獨特技術，而會不斷的吸收對方的優點，為使用者製造出優良的製品。聽起來好像理所當然，但實際上，想要辦到這一點，卻是相當困難。

但是，微軟公司的作法非常的正確，對於使用者而言，是值得慶幸的事情。然而實際上，對於遭到微軟公司進攻的人，卻是非常殘酷的事實，因為這是非常有效的集中攻擊。原本是只具有自己的獨特性，但是等到下一版出現時，卻與競爭的商品具有相同的價值。以微軟公司的立場來看，對生意而言，這是非常重要的戰略，這也是值得我們學習的手法。

永不滿足的前進主義

藉著這種集中攻擊，在各範圍進行反覆切磋琢磨時，競爭企業就會植入一種強迫觀念，認為「最後一定是比爾・蓋茲獲勝嗎」？

此外，現在在這個範圍居於領導地位的公司，也有許多創業者會心懷不安，認為「微軟公司一定會注意到這個範圍，來擊潰我們吧！」

比爾・蓋茲在接受雜誌訪問時，每當記者提出「微軟公司是否想獨佔一切，因此會採用擊潰競爭對手的作法呢？」這類的問題時，他就會難掩其焦躁的神情。

但是，不論本人再怎樣的否定，可是他經常想要居於領導主要軟體範圍的立場，是無庸置疑的事實。蓋茲本人具有這種能力，而且想要參與更重要的所有軟體開發的過程。

因此，會抓住先行的企業，奪走他們的市場佔有率，結果給人一種強烈印象，認為比爾・蓋茲的確擁有這種獲得勝利的戰略戰術。

但是大型企業都會想要進入以往沒有接觸過的範圍，這是無可厚非之事。就好像網際網路對應軟體一樣，會影響今後的事業展開。因此，要盡可能取得確實獲勝的方法。對於企業經營者而言，這是理所當然的義務。

微軟公司是常勝巨人，不會因為一次的勝利，就感到沉醉、安心。對於將來的佈局，如果走錯一步，恐怕全盤皆輸。相信比爾·蓋茲和我們都曾經看過這類的例子。

至於現在微軟公司給人不太好的印象，而受到攻擊，這就是企業太強的宿命，因此不需要太在意這類的問題。

蓋茲會顯得焦躁，就是因為他可能認為「自己經常想著將來，想要為使用者製造出更好的製品，為什麼大家都不了解我呢？」

就像他自己所說的，電腦產業界、軟體產業界是個獨特的世界。新的投機企業不斷的因應而生，幾年前想都沒有想到的新的技術會不斷的出現。個人電腦變得更容易使用、變得更輕量小型、變得更有力量，不光是處理文字或是試算表軟體而已，而且和網際網路連接，能夠得到更多的情報，甚至購物及付款，還能進行其他非常便利、愉快的事情。

個人電腦的可能性不斷的擴展，對於軟體的需要，也就會不斷的擴增。個人電腦在這一方面，活動軟體逐年進步發展，使用者對於價格雖然便宜，可是不方便、不完善、功能較少的製品或者是處理較遲的製品，根本不屑一顧。與十年前的個人電腦相比較，這十年來整個世界都已經改變了，而且急速的變化。

萬一，比爾‧蓋茲想「我們公司已經充分開發出暢銷商品，不要再進行新開發的投資，只要銷售既存的商品就好了」，那麼微軟公司恐怕在二、三年前就已經被除名，成為沒落平凡的企業了。

其他業界不可能這麼快地竄起，但是，軟體業界能夠在短期間內躍居上位，也可能一下子跌落谷底，這是速度升降非常快的世界。比爾‧蓋茲必須經常注意到自己的公司，不能脫離業界的發展中心之外。

當然其他業界如果中止新的技術革新，只依賴既存的成功商品，難免會跌落谷底。由這意義來看，應該向蓋茲永遠不滿足的前進主義學習。

例如「LINUX」軟體，擁有八百萬名使用者。LINUX是由芬蘭學生製造出來的，透過網際網路有幾百人加以改良，是一個開放軟體。就好像是由義工製造出來的軟體，不管是誰都可以從網際網路中下載，免費使用。

內容比不上市售品的LINUX，卻成為威脅Windows的存在。對今後展開的新的軟體開發，蓋茲將如何加以應對呢？相信經常保持積極前進態度的他，今後的展開應該是很快樂的。

△「成功是最差的教師」

「成功是最差的教師」這句話，的確很像蓋茲所說的話。在大型泛用電腦時代的領導者們，在面對個人電腦這個新概念的電腦時代，還無法忘記過去光輝燦爛的成功體驗，因此會面對衰退的命運。

個人電腦時代並沒有結束，但是現在不斷擴展、促進爆發性技術革新的網際網路的時代，很明顯的形成一個完全不同的次元，已經超越了個人電腦的時代。

在這個時代的變化當中，個人電腦時代中的有力企業，如果還一直沉醉在以往的成功體驗當中，恐怕就會被時代所淘汰了。

企業經常要送出熱門商品到市場上才行。

擁有熱門商品的企業，投資人也會注意而投注資本。這個企業成為話題時，敏感的年輕人就想要進入這家公司內工作。因為「希望有才能的人能夠一起工作」，因此當一個優秀的人進入公司之後，又會使得更多優秀的職員增加。創造出這種氣氛來，更能吸引將來可能成為夥伴的優秀人才或顧客的關心。

就好像是爬螺旋梯一樣，上升的機運會製作出下一次的上升機運，比爾•蓋茲認為這種循環是成功的因素之一。

相反的，如果走錯一步，就會不斷的下降，也會出現這種惡性循環。所以執著於成功體驗，而忽略了新時代的潮流，就會變得落伍，沒有辦法製造出熱門商品，瀰漫著停滯的氣氛，當然會被投資人以及優秀的人才和顧客所放棄。無可避免的就會陷入一個被踐踏的狀態中。

即使再優秀的人，都必須以自己成功體驗為糧食，向新的工作挑戰，希望能夠獲得成功。如果執著於過去的成功型態，可能就不願意冒險從事新的挑戰。要了解不是為了自己，而是為了顧客，應該製造出熱門商品來。

比爾•蓋茲是成功者、是強者。但是面對挑戰者，他不會只站在守住頭銜的立場。他希望能夠奪得至高無上的冠軍，經常想像更強的挑戰者，挑戰的熱情持續燃燒著。要是想要得到一切，必須不斷的往上爬。

所以，他經常是以挑戰者的觀點來看事物，正是微軟公司能夠持續勝利的姿態，同時向新事物挑戰，是充滿誕生新事物活力的原因之一。

「必須更擔心」

先前我已經敘述過了，比爾·蓋茲和微軟公司幾乎是合為一體的。對於大部分的矽谷企業而言，都是由具有個性的經營者率領，其個性就反映在企業的行動上，而微軟公司及其經營者的情況，正是其中的典型。

這就是蓋茲的經營手腕，要求能夠照著他所揭示的方針施行戰略，就必須擁有能夠配合嚴格要求力量的人才。尤其對於軟體產業而言，不需要如硬體產業般的大型設備投資，最重要的就是人力資源。

比爾·蓋茲和保羅·亞倫，這兩位年輕、優秀的人才成立了微軟電腦公司，在草創期默默無聞、尚未展現輝煌成果的時代，想要聚集優秀的人才是很困難的。但是相信個人電腦的未來，持續製造出對於其進化有貢獻的軟體，慢慢地就能使有能力的年輕技術者聚集而來。

這樣就能創造出良好環境。首先就是要揭示自己的理想和遠景，同時製造出能夠發揮自己能力、成為話題的熱門製品。這樣一來就算在世間默默無名，可是也會吸引對於這個領域具有敏銳嗅覺的技術者聚集而來。

初期的微軟電腦公司，是由優秀的程式設計師經營者，基於長期的視野指引出應該前進的方向，深深吸引著對於必要的軟體開發傾注熱情的有能力人材。

但是，目前已擁有兩萬數千名員工的微軟公司的情況，就另當別論了。

現在是世界第一，而且不論在人力或財產都居於領先地位的企業，當然會聚集到優秀的人材。事實上，想要在微軟電腦公司從事開發的工作，必須渡過層層關卡與考驗，才能進入。

該公司雇用職員的必要條件，就是「頭腦聰明，努力工作，產生好結果」。對於這樣的人材，世界上無論任何公司都會給予高薪聘請的。以往一直以極快的速度增加職員的公司，當然想要超過一定水準以上的人，而要求的水準也會非常地高。

因此，現在蓋茲必須注意到的就是如何運用這些人材，以免空有寶物。

雇用者的條件中除了頭腦聰明之外，還要能夠努力工作，就表現出微軟公司勞動條件的嚴格。因為要產生好結果，當然要求會非常嚴格。但是，被要求的人卻能享受工作之樂。

微軟公司的職員都很認真工作，並不是強制性。因為要求水準高、需要有好的結果出現，也許一般人會被動地工作，可是他們卻對自己的工作感興趣，所以會自動自發的工作。

他們為了締造出好的結果，必須要準備能夠發揮力量的環境。所以，持續向新範圍、新技術、新機能挑戰的該公司，隱藏著以往的巨大企業從未想過的大機會。

一旦達到頂點的企業，新職員想要抵擋以往建立的傳統、堅持自我主張是很困難的。但是，這樣才能夠發現新的可能性，擁有新的構想，才能使得獨特的軟體誕生。

雖然一切都非常順利，但是若把現在的狀態視為顛峰期的想法，就太危險了。蓋茲經常對於職員做出這樣的警告，不要認為自己已經成長夠了，而減速或趨於守勢，這麼想可能就會立刻跌落谷底。

軟體公司必須經常持續變化。對於新的使用者而言，要陸續開發出熱門製品才行，也一定要產生熱門機能才行。這並不是只要最高的經營負責人考慮到這件事就可以了，每個職員都要想到這一點，靠著自己的力量創造出新的東西。

比爾・蓋茲經常問職員一些問題。如果這個職員只注意到自己專攻的狹隘範圍，恐怕就回答不出他的問題了。

如果只按照上級的命令完成工作，即使做得再好也不夠。因此，他非常討厭沒有仔細思考狀況位置而工作的職員。

他經常對於職員說的話就是「要更加擔心」。關於市場銷售的動向、眾人嗜好的變化，還有其他公司的動態等等。

現在這套軟體是否有死角、是否能滿足使用者的需要、是否會輸給其他公司等。一定要找出隱藏在背後的危機，一切都要達到萬全。

隨時考慮狀況、思考使用者的動向、注意對手動向、找出新的可能性，藉著努力工作開發出能夠迎合新時代的好製品。

他希望所有的職員都能成為這樣的比爾・蓋茲。

因此，微軟電腦公司才能夠持續成長，毫不鬆懈地持續對將來的佈局，創造出良好循環。

持續生存的長期遠景

還就讀於哈佛大學時，蓋茲熱衷於兩種遊戲。其中之一是撲克牌，一週要玩三天。甚至沉迷於延長賽中，幾乎不上課，只有在學期末短時間內集中用功，卻能夠締造好成績。

用功方面不需要花太多的時間。就算說我偷懶，我也不在乎，仍然打我的撲克牌。利用最少的時間能夠產生最大成果的方法，就成為培養集中力的訓練，對於日後的工作有很大的幫助。

從事設計工作時，他從早到晚面對著終端機，持續工作，甚至吃東西、睡覺都是坐在終端機前面進行的。醒來之後，又開始持續睡覺之前未完成的工作。

只有短暫睡眠，而持續設計軟體的猛烈工作態度，現在雖然多多少少已經有些緩和了，但是他仍然是一個努力工作的人。

既然領導者是努力工作的人，職員當然也不能輸給領導者。擁有兩萬多名精銳，但是，微軟電腦公司仍然維持少數精銳的開發型態。給予每一個人的工作責任都很重，可以說是過重的勞動工作。但是，他們卻拼命地完成這些工作，展現出成果，希望能得到比爾的認同。

微軟公司就是以這樣的方式，在經營者的帶領之下不斷地飛躍成長。它會持續奔馳，就是因為擁有一種強迫觀念，認為一旦暫停下來，公司就糟糕了。因此持續奔馳，必須將眼光放到更遠的地方。

從少年時代開始，他就一直希望電腦能夠變得力量更強大、更聰明、更袖珍型，任何人都能輕易地使用，而且價格便宜。

現在他回顧過去的自己，可能會感到很驚訝，因為他完成了許多的事情。但是，在微軟公司創業時，揭示「所有的家庭及辦公桌上都會有電腦」理想的他，對於現狀的成果並不感到滿足。

站在長期的視野上眺望未來，致力於新軟體的開發，給予微軟公司事業的一貫性，以及職員們展望。由於比爾·蓋茲讓以前增加的慾望持續奔馳前進，因此，使許多的職員也能擁有同樣的夢想，跟在他的身後不斷地追趕。他長期的遠景能夠維持整個公司的生存。

雖然有人認為一個時代的領導者，絕對不可能成為下一個時代的領導者，但是微軟公司卻向這種想法挑戰，這就是比爾・蓋茲的說法。

大型電腦的時代領導者ＩＢＭ，已經沒有辦法戰勝個人電腦時代的勝利者，就是因為執著於過去的成功體驗，不瞭解下一個時代的進步。而電腦時代的科技，到了個人電腦時代時，雖然並非無力化，但是卻安居於過去的光榮，沒有辦法掌握變化，自己也無法變化。

前一個時代的領導者不要沉溺在以往的成功中，要瞭解新時代的科技，認真地吸收一切，才不會被時代淘汰，這就是比爾・蓋茲的想法。

對於今後想要創業的人而言，比爾・蓋茲的存在非常重要。該怎麼樣使用最先端的技術、如何使客戶更滿意、如何製造出擁有以往所沒有優點的製品及服務，他的這些態度，的確值得我們學習。

看到他徹底埋首於這些理想中，我們就可以瞭解到他並不是因為擁有什麼優渥的條件才能得到成功。

第2章

揭示較高的遠景

史帝夫・喬布茲

蘋果電腦公司暫定 CEO

發表麥金塔的震撼

被洗腦的灰色人類們，面對邪惡大型瀏覽器所映出的巨大畫面，一邊行進，一邊好像唸咒語似地喃喃自語地說著「大家都可以使用同樣的標準」。這時，一位女性從黑暗中跳出來，揮舞著大榔頭扔向畫面。大型瀏覽器的畫面粉碎，被壓抑的群眾得到了自由。

「一月二十四日，蘋果電腦發表麥金塔。大家就可以瞭解到，一九八四年為什麼不會變成『一九八四』。」經過這段旁白之後，結束了所有的畫面。

八四年一月二十二日，在熱衷運動的美國人最喜歡的美式足球大賽——超級足球盃轉播決賽的中場休息時間，插入了這一段電視廣告。

『一九八四』當然是指喬治‧歐威爾的小說，也就是在思想統治之下，禁止國民思考，描繪全體主義體制的預言作品。將眾人洗腦、壓抑眾人的大型瀏覽器，就是暗指電腦業界的巨人ＩＢＭ。

蘋果電腦首次指出以往沒有的全新概念的電腦，真正的個人電腦的型態。

麥金塔推出兩天之後，只播放一次的這支ＣＭ，卻給了全美一億足球迷（美國人大都是足球迷）鮮明的印象。

ＣＭ非常成功。而造成如此成功的麥金塔的親生父親史蒂夫・喬布茲會長，卻在麥金塔銷售後一年，被蘋果電腦公司趕走了。

是不錯的營業員，也具有設計師的天才手腕，深受許多人喜愛，具有「魅力性」的喬布茲，由於他強烈的個性，因此，在人際關係上造成了許多紛爭，是一位問題人物。

歸來的傳說人物

而另外一方面，麥金塔暢銷之後，失去偉大領導者的蘋果電腦，雖然順利地提升營業額，但是一九九〇年後的利益只能維持穩定。

九二年微軟電腦公司推出的 Windows ３．１，得到許多電腦迷的喜愛，使得麥金塔的市場佔有率銳減。到了九五年，麥金塔的ＯＳ（作業系統＝基本軟體）幾乎沒有改變，可是Windows 95的迴響卻提高了，在九五年時成為暢銷商品。而從九六年開始，蘋果電腦的營業額一下子變成赤字，直線下降。

在陷入窘境的蘋果電腦的經營陣營中，竟然出現了一位意想不到的人物。那就是造成麥金塔誕生，在個人電腦史上演出記憶猶新事件、對蘋果電腦而言締造了極大榮譽，卻在幾個月後被趕走的史蒂夫・喬布茲，經過十二年的歲月之後又歸來了。

他在當時的會長兼ＣＥＯ（最高經營負責者）基爾巴特・亞美里歐的強烈要求之下，在九六年十二月以會長直屬技術顧問的身分回到舊巢。而他的公司Next卻被蘋果電腦以四億美元收購吸收。

到了翌年一月七日，在美國舊金山的馬立歐特飯店召開了蘋果電腦製品展示會。會場霎時擠滿了人潮，在空前盛況中熱烈地歡迎喬布茲的歸來。

到了七月，繼卸任ＣＥＯ的亞美里歐之後，暫定他成為最高經營責任者，再次掌握了蘋果電腦的指揮權。

和朋友史蒂夫・渥茲尼亞克一起創立了蘋果電腦公司，締造蘋果（apple）Ⅱ、麥金塔銷售佳績的喬布茲被趕走之後，經營 Next . Computer 以及皮克沙兩家公司，締造了獨特的成果。

看起來好像比比爾·蓋茲更具有敏銳的感覺以及才能，但是，也讓人感覺到走錯一步就可能會背負大失敗的危險性。藉著神奇的衝刺力，一下子變為領導者，然而最後卻仍然被比爾·蓋茲打倒了。不過兩人天才的性格、資質的差距，必然會引導出這種結果來。

喬布茲將職員的力量引出到最大限度，製造出很棒的製品，的確擁有無以倫比的才能。對於目標大成功的投資經營者而言，有時的確要具有這種放手一搏的能力。

他先前波濤萬丈的半生當中，到底可以給予我們這些普通人哪些獲得成功的啟示呢？

利用3DCG電影掌握大機會

喜歡類似嬉皮的打扮，經常到處放蕩。讀大學時被中途退學，到大型錄影帶公司設計遊戲，後來到印度旅行，在印度聖地得到領悟……。

在七六年和朋友天才電腦技術者史蒂夫‧渥茲尼亞克開始創造蘋果電腦公司之前的喬布茲，就發揮了他的特性，遍歷與後來充滿波濤萬丈的商業經歷同樣的生活。

將蘋果電腦一口氣推上大企業寶座的，是暢銷的8BＩＤ個人電腦蘋果Ⅱ。為了使渥茲尼亞克的技術能發揮到淋漓盡致的地步，對於製品所需要的資金及銷售活動，全部都藉著喬布茲天生的直覺，以及直到最後都不後退的堅強態度來運作。

成為矽谷頂尖營業員的喬布茲，在八二年成為『ＴＩＭＥＳ』雜誌的封面人物，而同年蘋果電腦也成為年商五億八千萬美元、從業員達三四〇〇人的大企業。

他被封為傳說人物，就是因為掌握開發團隊總指揮，建立了麥金塔。

在第一章談到比爾‧蓋茲時也曾經談及過，當時在全錄的帕洛亞爾特研究所，曾經嘗試製作只要用滑鼠按下按鍵，就能取出必要情報的操作系統。

頭一次看到這種操作系統時，喬布茲嚇了一跳。他確信蘋果應該也可以製造出這樣的個人電腦來。最初將其具體實現的，就是適合商業市場的製品。但是，由於價格一萬美元過於昂貴，沒有辦法被市場接受，結果成為失敗的作品。

於是他邀請負責行銷的重要幹部約翰・斯卡里擔任CEO，而自己則專心開發麥金塔。好幾個月持續一週七十小時以上的猛烈勞動，終於完成了麥金塔。

在麥金塔滲透、佔有一席之地的這段時間內，他和自己延攬而來的斯卡里對立，從自己一手創立的公司中被趕走。原本應該是他趕走斯卡里，但可能是因為他那彆扭的性格及獨裁的行為，因此造成這種結果，不能夠單方面地歸咎於斯卡里。

失去公司的喬布茲，從蘋果電腦帶走了對他而言重要的人員及優秀的技術者，設立了Next公司。同時，收購了魯卡斯軟片的電腦繪圖部門，公司名稱為皮克沙。

Next在先驅的硬體製品中失敗之後，開始專攻於軟體。在被蘋果電腦吸收之前，九六年締造了一年六千萬美元的營業額。當時電腦為了製造新的OS，需要新的遠景。

但是，在Next的成果對於傳奇人物喬布茲而言，未免太過於平凡了。似乎皮克沙才能提供適合他的話題。

十年內投資五千萬美元的皮克沙，在九五年末掌握到機會的作品是『玩具故事（toy・story）』。締結利用迪士尼資金的契約，讓皮克沙能自由完全製作的這個作品，全部都是利用3DCG，給人一種魄力及臨場感，醞釀出神奇的氣氛，因此掀起話題。

喬布茲感覺到在皮克沙工作擁有與以往完全不同的魅力。在六十年前製造出來的迪士尼電影『白雪公主』，現在仍然深深掌握兒童的心。關於六十年之後的『玩具故事（toy·story）』也締造了佳績。

擔任皮克沙董事長的他，不再像以往對待蘋果公司職員一樣，會斥責他們或表現出獨裁者的風貌。現在的他信賴職員，讓他們自由地完成工作。也許這原本就和電腦的開發完全不同，是一種在自由的氣氛下才能完成作品的工作吧！

對他而言，持續擁有寶貴的工作，同時成為暫定的CEO，再次重建蘋果電腦公司。

與曾經是仇敵的微軟電腦公司攜手合作

重回舊巢，成為蘋果電腦最高經營負責者的喬布茲，首先做的事情，就是對於全部職員的股票再評價之後，發表價格為一三・二五美元（亞美里歐卸任時的水準）。將原本已經成為廢紙的股票重新給予價值，使得原本打算辭職的職員，暫時打消辭職的念頭。

八月在波士頓舉行的演講中，他發表了兩個重大決定。第一是刷新幹部。創業時的幹部宛如幕後存在的邁克・馬克拉等三人都辭職，而新成立的幹部包括喬布茲本人在內共有四人。這也反應出了改革必須從領導人開始。而他為了重建蘋果電腦，也藉著這個行動展現自己的決心。

第二點就是和微軟電腦公司重新攜手合作。

微軟電腦對蘋果電腦公司出資一億五千萬美元，成為股東支援他們的經營。該公司今後保證提供對應麥金塔的軟體，此外蘋果電腦公司在該公司的個人電腦中，也將微軟電腦公司的網際網路瀏覽軟體 Internet Explorer 當成標準配備。這就是締結契約的主要內容。

電腦硬體廠商大半都會使用搭載微軟電腦公司的ＯＳ，ＭＳ—ＤＯＳ或Windows的ＩＢＭ相容機，而一向孤軍奮鬥、利用自家公司ＯＳ來製造電腦的蘋果電腦公司，總算納入最大的競敵微軟電腦公司的旗下。

以往在視覺方面較優秀，而且使用方便的個人電腦，但是在以擁有壓倒性市場佔有率的微軟電腦公司ＯＳ互相抗衡時，失去了支持麥金塔的最後電腦迷，而宣布這份「失敗宣言」的人不是別人，就是史帝夫‧喬布茲。

雖然這種孤注一擲的手段，是在面臨無技可施時蘋果電腦不得不採取的做法。但是為了復活，這也是必須要走的一步。

其中一大意義就是股價對策。股東的機構投資家、加州公務員退休年金基金，以蘋果電腦的股價在近四年來造成電腦業界的指標下滑為理由，認為如果不再改善，就會成為企業統治的對象，將要介入其經營方針中。

與微軟電腦公司攜手合作，得到對方的資本，就能鞏固經營。同時，也能使得顧客樂意購買電腦。

事實上，發表攜手合作宣言後，股價上升了六美元。原本一直被往下拉的動向，總算暫時煞車，這的確是必須要採用的方法。

事實上，正如比爾‧蓋茲所說的，原本微軟電腦公司和蘋果電腦公司在軟體開發上就必須要互助合作、互相競爭，同時在許多方面也可以互相合作。對於兩家公司及使用者而言，這都是可喜的現象。

重建蘋果電腦的第一幕

喬布茲將蘋果電腦的本部從City Center的複合大廈，遷移到位於One Infinite Loop的研究開發園區。在比以前氣氛更輕鬆的本部，新的CEO穿著網球鞋，以慢跑的方式上班。

昔日趕走喬布茲、掌握實權的斯卡里的錯誤之一，就是多品種化。為了重新拾回因為Windows3．1的登場而逐漸沒落的業績，因此，他開始採取低價格化、多品種化的戰略。

3．1銷售前的九一年十月，推出蘋果電腦最初的筆記型個人電腦，後來推出了七萬元左右的低價格機種等。3．1銷售之後，開發了手掌型大小的超小型個人電腦「牛頓」。

九〇年有四種蘋果電腦的新製品，九一年為五種、九二年為十種、九三年十三種、九四年十種、九五年為十一種，急速地膨脹。但是，不論品質或管理體制都做得不好。由於生產體制不完善以及零件的籌措不及，因此，經常出現新製品沒有辦法如期交給銷售店的事態。

要花一個月的時間，才能將訂購的臺數送達店中，對於已經失去新鮮感的製品，使用者當然不屑一顧，因此庫存量不斷地增加。而蘋果電腦為了填補經費，不得不處理庫存貨，造成了惡性循環。營業額中所佔的銷售成本，九〇年為四六．九％，到九六年度時變成九〇．二％，令人難以置信的數字。

喬布茲將以往四十多種的製品線濃縮到只剩幾種。好像配合各方面要求似地建立柔軟製造系統來替換。

同時強化與不穩定的銷售管道之間的關係。例如，大型電腦銷售店會成立蘋果電腦製品專櫃，請他們幫忙擴大營業額。而負責人也必須要每週適時掌握所有的銷售店，以及銷售業者自製製品的狀況。將以往不斷擴大的庫存維持在適當範圍內。

此外，也進行利用網路的直接銷售。假設店鋪的蘋果電腦店開店一個月，就締造了一千二百萬美元的營業額。

不得不斷然讓員工停職。藉此經費大致削減了一半。

將高速G3TIP搭載在新製品中的決定也非常重要。搭載G3的桌上型電腦以及Power Mac G3也銷售了五十萬臺。

此外，一直被視為懸案、開發較遲、同時對於開發本身感到疑問、認為會成為危險火種的問題——麥金塔新OS，也提出發表說明其與新OS的交換是「伴隨危險的行為，因此中止」。所以，重新將新OS的穩定機能和熟悉的圖形組合，開發出MAC OSX新一代的系統，這的確是安全的選擇。

喬布茲就這樣陸續進行改革，處理懸案。其效果很快地就在九七年十二月的第十四半期出現。也就是說，賺到四千七百萬美元的淨利。而九八年一～三月的第二十四半期，也賺到了五千五百萬美元，總之都出乎了原先的預料。

據說在矽谷，業績一旦下滑的企業都無法復活，在此只有持續獲勝的企業能夠繼續佔優勢。持續獲勝，一旦失敗就會從下降線不斷地脫離，沒有辦法再獲勝了。

但是，看喬布茲再登板的奇蹟登場，可以說是推翻矽谷常識，從下降中又再度復活的奇蹟。不，現在就做這樣的回答似乎太過性急了。喬布茲的重建、改革劇的第一幕還沒有演完，我們一定要看到最後才行。

強烈訊息iMac

蘋果電腦總公司加州庫帕奇諾的庫帕奇諾大學的福林特中心，是第一代麥金塔發表的場所。九八年五月六日，在同場所聚集了蘋果電腦公司的職員，以及大眾傳播媒體，進行宣傳活動。

穿西裝、打領帶站在臺上的喬布茲，以幽默風趣的開場白說道，蘋果電腦公司已經上了軌道，並且說明目前進行的戰略。說明今後蘋果電腦只有四種機種。包括適合專業人士市場以及消費者、教育市場的桌上型和筆記型電腦。

適合專業人士的桌上型電腦 Power Mac G3，及適合專業人士的筆記型電腦 Power Book G3也在同一天發表。適合消費者的筆記型電腦則在一九九九年發表。而最後的機種，適合消費者的桌上型個人電腦，一開始就蒙上了神秘的面紗。

宣傳活動達到高潮，掀開期待新製品的個人電腦。直筒形以及圓形的個人電腦本體和螢幕一體成型，和以往見慣的箱形個人電腦完全是不同次元的製品。

從海藍色與白色透明塑膠外殼，可以隱約看到內部骨架型的電腦，還有同樣透明的兩色的滑鼠是圓形的。

充滿了玩心，同時也含有豐富設計性的新生代製品。一眼看去，的確是非常符合喬布茲的「既然要製造，就要製造出讓世人震驚的製品」的想法，也就是表現強烈自我主張性的製品終於問世了。

新的桌上型個人電腦名稱是ｉＭａｃ，ｉ是internet的開頭字母。藉著簡單的操作就可以進入網路，力量和記憶容量也很大，而且可以以一二九九美元便宜的價格購賣到，這是它的主要特徵。

但是，遺憾的是ｉＭａｃ雖然有奇特、具有個性的外觀，卻不具有劃時代的內容。雖然標榜網際網路，但是ｉＭａｃ並不具備比既存的Windows更優良的機能。

此外，適合一般消費者使用的軟體當中，有很多並不是為了Ｍａｃ用而製造出來的軟體，雖然想使用卻無法使用的軟體也不少，這個問題無法解決。還有不能使用軟碟的機能問題也無法解決。

雖然不像麥金塔誕生時的革命製品的盛況一般，但是iMac的確不得不讓人感覺到「這是史帝夫・喬布茲的製品」。的確是具有豐富的話題性、有力量的製品。

在熱氣騰騰的會場中，當天的主角iMac得到眾人的祝福，希望它是解救蘋果電腦的偉大個人電腦，這一點大家都不懷疑。

最後喬布茲很驕傲地說：「這家公司會再度變得非常偉大。我們會朝著偉大的方向前進。」

iMac非常暢銷。所以蘋果電腦以真正的意義來說，的確是重新站起來了。一九九八年十月，蘋果電腦發表九八年度決算，說明年度利益為三億九千萬美元。是闊別三年的盈餘。

此外，在七～九月的四半期基礎上，也是闊別五年、超過整個業界平均值的成長，總計連續四期的盈餘。

結果，iMac直到十二月為止，在全世界銷售了八十萬臺，其中有十萬臺賣到日本。

我曾經說明到iMac銷售為止的喬布茲的重建劇是第一幕。看到順利走上正軌的蘋果電腦公司，他也許能夠安心，在不久的將來他也許會主動解除暫定CEO的職位。到那時候，這一幕就結束了。

但是也許他對於自己所創建的公司，不光是要它成為不斷成長的公司，而且希望它成為更具有影響力的公司，也許會考慮和微軟電腦公司再度成為競爭的對手，互相競爭吧！到時恐怕會比連續劇更加地波濤萬丈，展開耐人尋味的複雜關係。

「吸住眾人」的領導者

「經過這麼久的歲月，喬布茲應該成熟了吧！」在皮克沙他信賴職員，是值得尊敬的領導者。但是回到蘋果電腦之後，他那彆扭的性格，以及若無其事用殘酷的字眼責罵對方的獨裁者作風依然存在。

為了重建蘋果電腦，對他而言也許應該要採取這種策略比較適當。而且身為經營者的喬布茲，也許本身就有這方面的直覺和靈感吧！但是，還是有很多我們意想不到的做法。

他的獨裁方式可以說是非常適合用來整合沒有辦法發現一致目標、朝著不同方向工作的蘋果電腦公司職員的方法。

建立麥金塔的蘋果電腦的技術員都非常優秀，在喬布茲離去之後，不適合待在這個個人開發最前端公司裡的領導者，對於職員而言，也許沒辦法帶來工作的喜悅。

蘋果電腦非常重視自由的風氣，但是，沒有比不信賴領導者、失去幹勁、不負責任的人更難處理的人了。能夠讓他們聽話、發揮力量的人物，不是想要討他們歡心的人物，而是能夠接納他們、吸引住他們的人物。

如果說認為正確的事情就要尊重對方的意向，那麼根本沒有辦法施行改革。而喬布茲改革成功，就是因為他對於職員的牢騷根本充耳不聞。讓他們瞭解到如果不想離開蘋果電腦，就必須要接受改革才行。不只如此，而且要用與以往不同的做事方法，才能再度被接受。

在眾多職員離去之後，還勉強留在這兒，瞭解以往歷史的職員們，也許衷心盼望的就是像喬布茲這樣的獨裁者吧！

「蘋果電腦公司需要的是明確的遠景」

自從喬布茲發揮經營手腕之後，蘋果電腦的意思決定非常快速。

就如喬布茲自己所說的，蘋果電腦最需要的就是「明確的遠景」。對於能夠提示明確遠景的新領導者，職員們當然不惜像以往一樣拼命地工作。

史帝夫・喬布茲是能夠吸引眾人的人物，非常具有魅力。但是，他也能夠給予他人刺激，使職員們能主動工作。例如，麥金塔就是引出整個開發團隊人員的力量，集中精神而完成的製品。

麥金塔開發的工作，對於負責這份工作的職員而言，可能是一生當中最具有意義的體驗。從此以後，他們的目標經常就會擺在要製造出世界上最棒電腦的觀念上。因此，對企業的價值觀也會完全改變。

現在，他們手上重新擁有製作理想個人電腦的工作。對他們而言，有了一個非常清楚的遠景，要求他們能夠達到力量的極限、做出高水準演出的領導者歸來了。

由於有如此嚴格的工作方式，因此，能夠向整個世界表現自己的存在，領導者和職員們都知道這一點。

所以，雖然是非常嚴格的工作，可是也是擁有非常多喜悅的工作。

因此，想要冒險人都會將眼光放在一流的目標上，以整個世界為對象，盡量去發現能夠傾注自己最高能力的工作。我想這樣的工作要變成一流的工作，恐怕要付出比他人更多的努力。

要成就大事業，喬布茲說要找尋真正能夠成為夥伴的優秀人物。擁有優秀人材的組織，就是經營者所指示的價值觀的構造能夠與自己吻合的組織。

他可以從開發團隊當中引出極大的可能性，就是因為建立了領導者和成員們互相呼應的關係所致。

儘管是嚴厲的斥責，但是成員們都信賴他，而且願意配合他的期待來工作。原因就是因為喬布茲能夠經常站在時代的前端，深入把握狀況，規劃出一個明確的遠景，同時擁有能夠想出接近理想製品的構想力與說服力。

第3章

發現機會

楊致遠
雅虎創業者

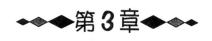

創業不到一年，股票公開上市

在美國有能力的人會創造商機，調整得到成功的環境。只擁有構想的年輕人接受必要的投資，就可以從事事業的成功率並不少。

例如NASDAQ（店頭品牌行情自動通報系統），比日本的店頭公開能夠更輕易的得到登錄許可，想要創業卻沒有錢的冒險創業家，就能藉此輕易地籌措資金。

NASDAQ有很多不斷成長的年輕企業股票公開上市。一九九六年有六一五五的企業頭一次在NASDAQ公開股票，締造了從七一年市場開闢以來的歷史上最高記錄。

投機資本公開股票的企業就有二七六家。其中特別引人注目的就是與網際網路有關的投機事業急增。九六年投注的美國投機資本投資額的四三％，都集中在情報通信產業以及軟體產業。

楊致遠在九五年四月成立雅虎公司，九六年在NASDAQ公開股票，也算是一種投機事業。公開時間是在三月，也就是成立後不到一年的時間。即使在NASDAQ上，這也是非常快速的公開。

楊先生和他的朋友大衛•法洛創立雅虎公司的時候，兩個人還是史丹佛研究所的學生。楊先生二十六歲，法洛二十八歲。兩個年輕人向巨大商機挑戰，想要完成美國夢。

在矽谷，學生開始投機事業的例子並不少。同樣是網際網路的生意，Netscape的瀏覽器Netscape Navigator，的確是以學生所開發的馬賽克軟體為根源。

年輕人發揮自己的構想，不斷地向創業之路挑戰。有些系統得到極高的評價，而有希望的生意則需要必要的投資。在美國的確擁有很好的支持年輕人的環境，我國也應該要學習。

也就是因為迎向急速變化的新時代，不論在美國、日本或其他世界各國，領導下一個時代的新產業陸續興起，而且需要加以培養。而負責者很明顯的就是年輕人。

「如何從沙漠中找出寶石來」

網際網路是可以從世界各個地方，立刻得到自己想要的情報的優良系統。但是在我們得到情報之前，應該要瞭解到是否真的有我們想要的情報，如果有的話到底是在何處。為了要在個人電腦上叫出情報，有很多必須要做的事情。

情報檢索就是其中之一。

如果只靠著自己的力量找出想要的情報，就必須覺悟到不可能一下子就找到。因為在龐大情報量中逐一檢索，最後可能會徒勞無功。在檢索之旅中感到疲累，也許就會放棄只要再花三十分鐘就可以遇到的機會。

這個作業就好像是在無論走多遠，風景看起來依然不變、連綿不斷的沙漠中，從一顆顆沙子裡找到寶石的地獄般作業一樣。

如果從網際網路的龐大情報中，有要領又簡單地叫出所要的情報，那該有多方便！相信很久以前就有人這麼想了。而楊先生等人則是頭一個想要進行網際網路情報的檢索服務，將它當成是一種生意，並付諸行動的人。

我想最初他們是為了讓自己能夠有效率地接近必要的情報，而想出這個方法的吧！但是，「只要有這個東西，不論是誰都可以輕易地使用網際網路了」的這個發現，的確創造了他們的商機。

在這個時候，首先自己要多花點工夫，找出如何使用，然後再去思考是否能變成任何人都容易使用的方便系統，而當成一種生意來實行。以古老的說法來說，果然是「需要為發明之母」。

「新的問題解決法」成為商業的種子

網際網路是還有許多部分尚未開發的多媒體。但是，從中得到的成果的確非常豐碩，因此即使還不周全，可是還是有很多人持續使用。

反過來說，雖然沒有察覺到，可是有一些不方便的部分，仔細找尋之後，也許會發現到其實還有更容易使用的部分。如果能找出巧妙解決法，就可以使利用者增加，而新的解決方法就能成為很棒的商業種子。

楊致遠的想法和付諸行動的系統開發，我認為在我們思考商業時，應該是非常寶貴的啟示。

這幾年來，世界上的網際網路不斷地擴展，我國網際網路的使用者也不斷地增加。在這種背景下，網際網路如果能夠形成一個以往從未想到的便利系統，開發出高超的各種技術，相信就能以更快的速度展現成果了。

Netscape瀏覽器的確不錯，但是，雅虎所開發的搜尋引擎可以使網際網路使用起來更方便，因此，使用者大幅度增加。

使用雅虎的搜尋引擎找尋想要情報的作業，就好像在圖書館找尋想要閱讀的書一樣。分類為商業、興趣、教養等各種的種類。挑選種類，輸入關鍵字，就可以搜索目的情報。

在網際網路上有各種網頁，光美國就有一百五十萬個以上，而且經常變化、更新。雅虎從龐大的網頁中挑選優良者，捨棄沒有價值者，按照類別來分類，同時當成資料庫，收藏在雅虎的目錄下。

一開始可以使用搜查網路所有情報的全文搜索方法。但是情報有幾十萬種，因為太多了，因此即使搜索也毫無意義。

觀看網際網路上的網頁，稱為衝浪運動，而被稱為衝浪運動者的人如果使用搜索引擎，應該可以更快速、合理地找到情報。

這的確是很簡單的做法。但是這種搜索、篩選的作業非常辛苦，需要很多人手，而其他技術者的工作也非常地吃重。所以在雅虎初創時，平均一週要工作九十個小時，非常辛苦。

為「命運的工作」放手一搏

出生於臺灣臺北，十歲時全家人移居到美國，住在加州的楊先生，在一九八六年進入史丹佛大學，專攻電氣工學。以往他並沒有想過要擁有自己的公司，進入一流大學是為了將來得到社會評價較高的職業。

結束了碩士課程之後，矽谷呈現不景氣的狀況，而他拒絕了英特爾以及奧拉克爾等大企業的邀請，繼續修博士課程。在進入博士課程時，他感到投機事業的確具有魅力。

身為網際網路迷的他，製造了雅虎的搜索引擎。最初只不過是大學研究者的趣味活動，但是使用者不斷地增加，結果發展為與當初想法完全不同的大事業。

而這時楊致遠和大衛·法洛就必須要做出決斷了。

「這是命運的安排。為這個工作放手一搏吧！」

兩個人為了成立當成生意的搜索服務公司，因此找尋資本家投資。當然，這是史無前例的生意，要讓對方瞭解是很辛苦的事情。

但是有三、四家公司對於這種生意感興趣，因此投注資本。結果該公司成為風評極佳的投機事業。而他們所提出的事業計劃也得到對方的同意。

其中一位投注資本的麥克·莫里茲先生，決定在雅虎投資二百萬美元，同時指定CEO（最高經營負責者），不斷地支援這家剛成立的小公司。

雅虎的CEO提姆·克格爾，為了將成為商品的「雅虎！」展現在使用者面前，讓他們知道這是非常簡便的必須品，因此在創造概念上不遺餘力，而且強力推進力量，建立市場。

當時在史丹佛大學就讀研究所的楊先生，曾經發生一段小插曲。他的指導教授因為研究休假而到歐洲渡假時，指定他們在他回來之前必須做的作業，他完全沒有做。

「為什麼你不做我要你做的作業呢？」

「事實上，當我在思考網際網路的連結方法時，因為太過於熱衷了，所以發現沒有時間完成作業。」

教授很生氣，但是後來看到楊先生想出來的網際網路的方法，也就是「雅虎」，深感興趣，反而稱讚他所做的，而且建議他要自己拿錢出來成立公司。

雖然說有點誇張，但這絕對不是杜撰的故事。這個教授的態度表現出目前的環境，因而誕生了搜索引擎這麼好的構想。而楊先生並不是對老師唯命是從的優等生，這也是他成功的要因。

但是，楊先生和矽谷新舊兩位帝王相比，只不過是普通的知識分子。政治學與工學的領域也不同，但是與他同一時期在史丹佛研究所就讀、現在是經濟部官員的人，我也非常熟悉。

他曾經和楊先生等人一起吃午餐，當時和他交談的楊先生並沒有特別古怪，是一位予人好感的年輕人，不過和其他學生的印象沒什麼不同。

能夠在業界維持第一名的生存條件

「開發世界上備受矚目的技術，能夠創業是最刺激的事情。」這是楊先生所說的話。而雅虎的職員也對此深感驕傲，他們也身負重責大任。「只要我們充滿幹勁，將所有的力量朝向同一方向，即使是小公司，也能成就大事業。」

他是能夠經常冷靜地判斷事物的聰明經營者。為了成就大事業，知道自己需要的是什麼。

要使成為大生意的搜索服務獲得成功，就必須使雅虎迅速成長，鞏固業界的領導地位才行。

雅虎是開拓者，必須經常帶頭領先。而在這個範圍，一定要獲得壓倒眾人、獨佔市場的技術優勢。當然這是很困難的。後來陸陸續續也出現了許多搜索服務公司，光是在ＮＡＳＤＡＱ就有六家公司公開股票。

但是，根本不需要這麼多的搜索服務，只要一個值得信賴、方便使用的搜索引擎就夠了。因此，在業界持續領先，是維持生存的條件。

所以，楊先生一開始就毫不猶豫地和大型企業締結同盟關係。他相信「投機生意要獲得成功的關鍵，就是要強力創業者與經驗豐富的支援者攜手工作」。

而實踐他這個想法的就是ＳＯＦＴ　ＢＡＮＫ的孫正義董事長。他透過投機資本家知道雅虎的存在，對於雅虎深表關心。

九五年夏天藉由增資，ＳＯＦＴ　ＢＡＮＫ取得了雅虎五％的股份。後來持續購買，現在擁有三一％的股份，成為頭號股東。此外，九六年四月開始服務的日本法人，也由擁有了五一％股票的ＳＯＦＴ　ＢＡＮＫ成為頭號股東。

當然對於網際網路的生意具有期待感，但是，雅虎的股票經常在高水準處震盪。ＮＡＳＤＡＱ公開頭一天，價格是十三美元，初值是二四．五美元，而當天就急速上升為四三美元。低迷了一陣子之後，九七年後又開始急速上升。

從九八年到九九年，締造了二百三十美元的高記錄。九八年末的股價上揚，雅虎職員行使配股權利，一人一年就可以得到約三億元台幣。

隨著美國總公司股價急速上揚，日本法人的股價在九九年一月時，面額一萬六台幣的股票，價格上升為將近三百五十萬。

雅虎事業現在並沒有走入死角中。利用雅虎的最高次數在九六年二月的一天中就創下了六百萬次的記錄，同年十二月的一天內超過了二千萬次，九七年三月達到三千萬次，使用者大幅度增加。

而最重要的，就是資料庫的品質的確提高了。

九八年六月，雅虎對於利用網頁搜索服務的使用者，開闢了虛擬店舖雅虎購物網站。包括書籍、CD、運動用品等，共有十四種種類的三千家店舖。因此，網際網路的生意也非常地順利。

第4章

結交能夠支持舞臺的朋友

桑福德・懷爾
花旗集團共同董事長

世界最大金融機構的誕生

「今年秋天，花旗信用合作社與旅行家集團合併。」

一九九八年四月六日，這個消息傳遍全世界，震撼世界中的金融關係業者。尤其使得不良債權處理而失去體力的日本大型金融機構，深感驚訝。

花旗信用合作社是在全世界遍佈個人營業網的花旗銀行的持股公司，旅行家集團則是將大型證券公司所羅門・史密斯・巴尼納入傘下的綜合金融服務公司。由於這個大型合併，造成總資產約七千億美元，顧客數約一億人，名副其實是世界上最大、最強的金融機構「花旗集團」誕生了。

而促成這次合併的幕後推手，就是美國金融業界立志傳中的人物桑福德・懷爾。

「建立世界上最強的金融機構。」

「希望在證券、保險、消費者金融各領域都成為領導者。」

每次一有機會，就會公開發表以上演說的懷爾的話總算實現了。相信不少人都會有同樣的感覺。而對有這種感覺的人而言，深具世界知名度的花旗信用合作社與旅行家集團的合併，的確是出乎意料之外的事情。

為什麼呢？因為花旗信用合作社將近半世紀以來，都與收購或合併無緣。自從花旗信用合作社的前身國際花旗與第一花旗在一九五〇年代合併之後，不斷努力前行。

率領花旗信用合作社的約翰‧里德先生，畢業於麻省理工學院之後，就在花旗銀行不斷地努力，是一位非常溫和的紳士，也是非常有能力的金融員，絕對不雅於懷爾先生。領先其他各行導入電腦，同時致力於銀行業務的合理化，在七〇年代當時被視為具有最高危機的信用卡事業，也是由他帶頭進行，培養了花旗信用合作社的收益支柱，而且因為這個實力而得到了董事長的寶座。

此外，在九〇年貸款給南美，結果導致股價下跌，甚至有破產的傳聞出現，雖然陷入危機當中，但是卻藉著法外赤字決算，以及來自中東的資金籌措渡過危機，重建花旗信用合作社。與外向、爽朗的生意人懷爾先生完全相反，是一位有智慧、踏實的戰略家。

而兩人共同成為新生「花旗集團」的董事長兼最高經營負責者（CEO），這一點也備受華爾街的關注。

「華爾街的風雲人物。」

「將華爾街變成懷爾街的男子。」

大眾傳播媒體都爭相報導著懷爾先生及非常討厭傳媒的里德先生，當兩人意見不同、水火不容時會變成什麼樣的情況呢？兩雄並立，兩個人的對立是否會影響到花旗銀行的前進方向呢？當然這一點也成為華爾街與傳媒關心的焦點。

但是，我認為完全不用擔心這個問題。因為這個合併的基礎就在於懷爾先生與里德先生的強烈信賴關係。因此，這次的合併可以輕易地成立。

一九九八年二月二十五日，在華盛頓飯店舉行商業座談會，這是聚集君臨美國財界主要成員的經營者會議。而趁此機會，懷爾先生請里德先生到他的房間裡，對他說：

「要不要合併呢？」

懷爾先生若無其事地提出這個要求。懷爾先生也充分瞭解到，這個合併並不是可以輕易達成，也許對方會斷然拒絕。但是，里德的回話卻非常簡潔。

「好啊！」

對於里德的回答，懷爾真的是又驚又喜，不知道該說些什麼是好。

「以合併的對象而言，我認為適合法人、適合消費者事業、有全球性事業的花旗是最適當的。事實上，花旗如此爽快地答應合併，連我都感到很驚訝。」

在後來的記者會中，懷爾先生說了以上的話。對於懷爾的提議，里德也同意的基礎，就在於他們三十年來的朋友信賴關係。

當然不只是信賴關係，完全不接觸投信等資產運用業務的里德先生，也擔心再這樣下去，花旗信用合作社是否能夠持續經營。

「世界的金融市場陸續出現大型合併，貫徹這種獨自的路線到底好不好呢？」

而對於投資銀行業務抱持嫌惡感的里德先生，不得不認真考慮資產業務的必要性，這也表示金融業界的重新編組及變化的速度非常快。

里德先生心想：

「合併所帶來的商機對於股東而言是最好的利益。」

因此他立刻決定「好啊！」而里德先生對於如此重要的案件，的確是能斷然決定的優秀經營者。再加上與懷爾先生建立的相互信賴的關係，所以這兩人的確能夠攜手合作。

合併剛過後，華爾先生對於日興證券出資二千二百億日幣，同時成立與日興證券的合併公司。

「最重要的就是成長戰略。花旗、所羅門・史密斯・巴尼再加上日興證券，會變成非常棒的集團。」

六月一日，在東京和日興證券進行的共同記者會當中，懷爾先生說了以下的話：

「歐美巨大金融機構登陸日本，只是時間的問題。」

日本金融機構的恐慌總算變成了事實，有力金融外資陸續登陸日本，正式與日本殘存的金融機構互相提攜。在日本擁有大筆總資產的花旗集團會展開何種戰略，今後懷爾先生的動向備受矚目。

看準電子錢銀行業的頂點

前置詞似乎太長了。代表美國的實業家之一，我特別要提到這位桑福德・懷爾先生。

他並不是實現美國夢的立志傳中的人物，也不是在美國經營者中擁有最高收入的人。但是他持續果敢的挑戰，而且挑戰確實引導出成功，現在成為世界第一金融鉅子的懷爾先生，在今後情報化的社會當中，到底會發揮何種手腕，大家對此都表強烈關注。

在美國所有的商品都已經利用網際網路來銷售，而在這個時代，金融商品也不例外。藉著通信交易成長的投資信託公司，或是利用網際網路將廉價手續費當成商品來銷售的證券公司也登場了，開始搶奪大型金融機構的顧客。

一旦電子錢實用化後，金融機構本身必須要被迫進行大型的改革。而執電子錢銀行業之牛耳者，就會成為金融機構之雄。

「不久的將來，關於電子錢方面，會形成懷爾與比爾・蓋茲之間的慘烈戰爭。」甚至有美國專家提出這項預言。比爾・蓋茲也透過網際網路進駐所有的事業。例如，旅行業一週的營業額達到一百萬美元。比爾・蓋茲會參與金融市場只是時間的問題而已，能與其抗衡的只有懷爾先生了。

雖然沒有說出來，但是，我想懷爾先生的目標也放在電子錢上吧！電子錢的開發與管理需要龐大的資金。而懷爾先生目標的世界最強的金融機構，就是具有龐大資金與信用力、同時執電子錢之牛耳的金融機構吧！

看懷爾先生合併與收購的行動，就可以知道懷爾先生的目標定在二十一世紀金融的頂點，也就是說定在電子錢銀行業的頂點。這也是我挑選懷爾先生的最大理由。

「要獲勝就必須獨立」

出生於波蘭後裔移民中等家庭的懷爾先生，在一九五五年頭一次在華爾街嶄露頭角，當時他是普通證券公司的送信小弟。畢業於康乃爾大學，卻沒有辦法找到適當的職業，不得已進入證券公司，工作的內容就是跑跑腿，在華爾街是屬於週薪三十美元的最低薪工作階級。

「要這樣隨波逐流，還是為了獲勝而選擇獨立呢？」

他不禁這樣想。他拼命努力學習金融並且節儉，渡過了一段結婚後辛苦的時代。

但是，後來他得到志同道合的良友，和三個朋友一起創立小型證券公司。

懷爾先生二十七歲——將所有的錢都拿出來，包括借款在內，四個人總計籌措到二十萬美元，購買紐約證券交易所會員權的四人，成立了冠上四人姓名的證券公司。合作伙伴陸續交替，每次交替就會改變公司名稱。與華爾街特權階級無緣的弱小證券公司，卻成為能夠充分發揮懷爾先生才能的舞臺。

他陸續收購同業企業。購買業績惡化的證券公司，大膽進行裁員，重新建立優良企業。就好像是重建商似的，而收購的企業陸續重建，漸漸地擴大了業績。

當然伙伴們也支持著懷爾先生。當時伙伴們的優秀，也是造成懷爾先生如魚得水、非常活躍的原因之一。而當時的伙伴後來擔任美國證券交易所所長、紐約observer發行人，以及美國證券業協會董事長等要職。

懷爾收購了十五家企業，藉重傳媒的表現就是「小魚吞鯨魚」展開快速進擊。七九年時，公司名變更為「協亞遜・羅布・羅斯」，成長為全美第二名的證券公司。從週薪三十美元的送信小弟，一躍成為全美第二名證券公司的擁有者，的確是實現了美國夢。光是這樣應該就已經是非常棒的成功者了，但是他並不因此而滿足，畢竟當時他才正值四十六歲的壯年吧！而這時候開始，可能就已經萌生了想要建立最強金融機構的夢想吧！

八一年American Express（美國運通）主動與他探討收購的話題，當時懷爾認為這是一大轉機。

當時美國運通的董事長允許懷爾先生擔任CEO，因此，他以九億三千萬美元的價格將公司賣給美國運通，成為其子公司的董事長。

到八四年擔任總公司的總經理，懷爾先生的確一步步地實現他的夢想，但是接下來就沒有這麼順利了。

因為美國運通的實權掌握在董事長兼CEO的詹姆士·魯賓遜手中，總經理只不過是在公司排名第二的人物，因此沒有懷爾先生活躍的舞臺。

對於從二十七歲到四十八歲的二十一年內，不斷朝擴大企業、成為第一企業邁進的懷爾先生而言，對魯賓遜的做法必須唯唯諾諾，因此感覺非常痛苦。最後他和魯賓遜對立，知道自己不可能擔任CEO，因此僅僅一年內就辭去了總經理的職務，而且失去了辛苦建立的子公司，在五十二歲時成為無處可去的失業者。

雖然擁有足夠的資產，可以享受悠哉的退休生活。四分之一個世紀都像拉馬車的馬一般工作，這也是個不錯的選擇，但是懷爾先生卻不想退休。不只如此，他還認為：「我要親手建立第二個美國運通，向魯賓遜報復。」

展現了強烈的鬥志。原本好勝心就很強的懷爾，離開了美國運通，對他的人生來說是首次的大失敗。

首先要擁有自己能夠活躍的舞臺

雖然擁有熱情，卻沒有伸展的舞臺。總之，先建立個人事務所的懷爾先生，每天都尋求新的工作。但是，他對於完全無法預料接下來會發生的事情而感到不安。成為社會人後，頭一次從大企業的重要領導者變成了失業者，因此，無法掌握到自己的立場而感到焦躁。

到了八六年，他對當時業績惡化低迷的美國銀行說：

「如果我能夠籌措到十億美元的資金，是否可以聘請我擔任ＣＥＯ呢？」

這個要求令人啞然失笑。以這麼少的資金，竟然想要要求大銀行的CEO地位，本身就是超乎常識的做法，但是事實上這的確很像是懷爾的做法。在十二年後，他就是以這種破斧沉舟的精神，實現了與花旗信用合作社的合併計劃，成為世界最大金融機構的CEO，這是當時誰都無法預料的。

根據懷爾先生說，在失業時代的好處就是「與家人之間的繫絆加深了」，以及「即使辭去了美國運通的工作，但是朋友並未放棄我」。

認為工作才是生存目的的懷爾先生，在失業時有了專心為家人服務的機會，但事實上他並沒有這麼做。

「我們應該要偶爾去看看電影、吃吃飯。」

對於喬安娜夫人的邀請，懷爾的回答是：

「我的工作很忙。」

「可是你現在不是正在失業嗎？」

當她這麼說時，懷爾不知道該如何回答。如果不每天去事務所上班，就會覺得很不安，擔心不在的時候可能會失去有一些工作的機會。突然失業的普通上班族的不安，懷爾先生都體會到了。

從送信小弟變成小證券公司的經營者，而這個證券公司後來又變成了全美第二名的證券公司。賣掉公司後，擔任美國運通的總經理，結果卻失業了。懷爾先生的前半生可以說是波濤萬丈。

雖然對公司不滿，卻沒有獨立的氣力，只能隨波逐流的年輕人我見得多了。持續這樣的生活就會使才能枯竭，有一天就會成為被裁員的對象。

為了避免這種情況，應該儘早擁有能夠發揮自己才能的舞臺。在我的『擁有自己的公司』等著書中曾探討過這一點，而現在世界最大金融機構的領導者懷爾先生，在二十七歲獨立時擁有自己的舞臺，就是一切的開始。

懷爾先生年輕時代的獨立，和有才能的朋友共同經營的這一點也很重要。這樣才可以防止年輕氣盛造成的失敗。

大家對於經營方針侃侃而談，不斷地議論，然而與決定方針不合的人離去，成員們更新交替，卻能使懷爾先生等人的證券公司不斷地成長。

一旦決定之後就要傾注全智全能

當失業時代持續了一年之後的某一天，等待他的工作突然到來。就是請他就任消費者金融、商業信用卡的CEO。對懷爾先生來說，應該會有更好的機會到來，但是沒想到這卻是出乎意料之外的發展。可是希望能夠儘早恢復工作的懷爾先生，卻沒有辦法拒絕這一個邀請。

「至少想要和美麗的女性舞伴跳舞。就算不是最棒的女性，可是目前只能和願意理我的女性跳舞了。」

後來懷爾先生述說當時的心境，和他跳舞的唯一女性就是商業信用卡，他沒有選擇的餘地。

雖然不是令人滿意的對象，但是一旦決定和她跳舞之後，就要傾注全智全能地去完成。這就是懷爾先生的優點，也是事業獲得成功的秘訣。

他拼命地跳舞。讓不令自己滿意的對象變成美麗的舞伴。往返於紐約以及商業信用卡的根據地巴爾德摩，努力重建商業信用卡。他的重建智商才能一直沒有衰退。

「如果不在這個時候東山再起，以後就沒有機會了。沒有辦法再創建第二個美國運通。」

這種把自己逼到無路可退的心情，的確值得慶幸。商業信用卡搖身一變，兩年後得到他就任CEO時的十倍利益。

後來懷爾先生的躍進，遠超過從設立證券公司到建立全美第二名證券公司的光榮，堪稱是奇蹟。最拿手的企業收購及重建不斷地出現。

嘴巴說說當然很簡單，但是從二十七歲年輕時開始的事業，到五十幾歲時要重複進行努力，並不是容易的事情。

「再這樣下去會成為華爾街的失敗者。」

「想建立一個超越美國運通的最高金融機構。」

不服輸的懷爾先生利用自己強韌的精神力，對於實現這個夢想孤注一擲。而支撐他的則是「失意」這個營養根源。

他就任商業信用卡的CEO，三年後到了八八年，將陷入經營困難狀態的大型證券公司史密斯・班尼納入旗下，收購保險公司普萊美里卡，並更改公司的名稱。後來又陸續收購了柏克萊銀行的美國消費者金融部門，以及投資顧問公司等，急速擴大普萊美里卡的業績。

在這幾年內，懷爾先生被稱為「無慈悲的成本削減者」。在收購之後，大膽地進行裁員及經費削減、降低成本，希望徹底提升效率。

懷爾先生真的是無慈悲的經營者嗎？絕對不是如此的。不僅如此，他也以積極的社交性與笑容對待同事，把他們當成朋友，並且非常重視朋友。裁員對於經營者獲得成功而言，是無可避免的行為、不得不走的路。但是他還是重視朋友，因為他充分知道自己成功的背景，就是因為擁有一些有才能朋友。

因此，他非常感謝「即使離開了美國運通，朋友卻沒有放棄自己」。

在這個時候，以前的朋友兼部下的美國運通幹部，也積極地提拔到他的門下。他陸續提拔包括美國運通的證券子公司總經理、擁有董事長經驗者、還有將來美國運通的總經理，以及因為要負責業績惡化的責任，而辭去工作的候補董事長E・庫帕曼先生等，光是這些人材就能建立第二個美國運通了。

結果九一年的七～九月的收益，美國運通減少了九一％，但是普萊美里卡卻增加了三五％，形成對比的結果。

在失意的谷底描繪「將來的成功」

一九九三年對於懷爾先生而言，是值得紀念的一年。三月進行美國證券業界久違的大型收購，利用普萊美里卡收購美國運通的證券子公司。

「能夠有機會建立新的公司——史密斯・班尼・協亞遜是非常興奮的事情。能夠和許多老朋友一起努力，也是很快樂的事情。」

懷爾先生對於像自己孩子的協亞遜公司，在闊別了十二年之後重新回到自己手中，難掩喜悅之情。二十多年來花的心血，變成全美第二名的協亞遜公司，再一次回到了自己手中。

「我一定會取回協亞遜的！」

在懷爾先生離開美國運通就有這樣的心願，因此他在魯賓遜辭去美國運通的CE

O職務，而由哈貝·哥拉布擔任時，立刻提出了收購協亞遜的建議。

哥拉布也是懷爾先生擔任美國運通總經理時拔擢的人物。懷爾先生還是他孩子的教父，具有親密關係。

而且當時的美國運通由於信用卡事業不振，導致協亞遜的赤字連連。前年度的結算中，形成大幅度減益狀況，而必須負責任的魯賓遜下臺。而後繼者哥拉布，由於股東要求他趕緊重建信用卡事業，因此當懷爾提出收購協亞遜時，對於哥拉布的確是非常適當的建議。

協亞遜的收購價格為十億美元，比懷爾賣掉的金額高出了七千萬美元，但是以十二年來美國運通投入的資金來考量的話，的確是物超所值。

就這樣對於由魯賓遜董事長所帶領的美國運通綜合金融服務公司的挑戰，總算落幕了。懷爾將和擁有一萬名以上營業員，以及五百家店鋪的梅里林奇相匹敵的有規模證券公司納入旗下。

「我要向魯賓遜報復。」

這的確是懷爾執著的念頭，而這個念頭在合併的瞬間就達成了。傳媒因為梅里林奇以及史密斯・班尼・協亞遜兩大證券公司時代的到來，而引起了騷動。

但是，懷爾已經將觸手伸向下一個想要收購的目標。就是擁有一百三十年悠久歷史的名門保險公司——旅行家保險公司。

在這一年九月，懷爾率領的普萊美里卡以四十二億美元收購了旅行家公司，將消費者金融、證券、保險納入旗下，成為名副其實的綜合金融服務公司。

因此，「建立金融帝國」的懷爾的挑戰，逐漸走向實踐之路，但是還是有缺陷。也就是在國際業務展開、金融全球化方面，還需要花旗銀行以及梅里林奇的努力。

但是，懷爾先生在金融業界的地位已經屹立不搖了。

從失業者變成美國少數綜合金融公司旅行家的經營者，當然不是任何人都能模仿他的行為。但是不論是誰都可以將失意或悔恨轉化為成功的能量。就好像是把失敗當成跳板、重新振作的運動選手一樣，生意人也要把失敗和悔恨轉化為力量，而懷爾先生的故事就告訴我們這一點。

不要怨天尤人或放棄，要勇敢地面對將來的成功之路挑戰。懷爾先生的一生就是最佳的寫照。

十一年內從失業變成奇蹟的大成功

陸續反覆進行大型收購的懷爾，在九三年時是鞏固內部的時期。採用集團最高責任者（CEO）制，懷爾將集中的權限分散。

保險、證券部門由史密斯・班尼的法蘭克・沙布董事長、消費者金融部門由洛巴特・里布董事長，擔任各集團的CEO。同時藉著收購協亞遜而誕生的史密斯・班尼・協亞遜的董事長兼CEO，則由前摩根・史坦利董事長洛巴特・格林希爾擔任。

「為了擴大業務，必須要請沙布和里布發揮能力。」

這是懷爾的說明，但是很多的分析家卻認為，這種權限的委讓是「要傾注全力，重建史密斯・班尼・協亞遜，減輕懷爾先生的負擔」。

現在懷爾提拔三十五歲，年輕的詹姆士・提蒙擔任普萊美里卡董事長，而他說「讓他幫忙和我一起建立史密斯・班尼・協亞遜」。而提蒙就是懷爾在離開美國運通時，也辭去美國運通工作而跟隨著失業的懷爾的人。

這兩個人攜手建立史密斯・班尼・協亞遜，可能就如分析家所說的，懷爾對於協亞遜的確具有相當高的熱情。

利用舊友鞏固內部，之後就開始收購旅行家保險公司，同時就如懷爾所說的，他會傾注全力建立史密斯・班尼・協亞遜，以及旅行家集團。

接下來兩年內，並沒有大型收購的動向，對於懷爾先生及旅行家而言，都是平穩的時期。九六年以四十二億美元收購了大型保險公司艾特納的損害保險部門，不過這也持續了一陣子平穩時期。

到了九七年春天，旅行家成為代表美國的三十企業之一。也就是紐約市場的道瓊工業指數採用三十種平均的企業，而道瓊工業指數所採用的金融機構，此外還有擁有一百年以上悠久歷史的JP摩根以及美國運通，因此，懷爾先生的確成為名留華爾街歷史立志傳中的人物，而且也是華爾街的精英份子。

失業後僅十一年，就得到奇蹟的大成功。已經六十多歲的懷爾，能使企業成長為代表美國企業，現在應該只要求安定。而懷爾先生當然也有這種想法。

但是，圍繞金融機構的環境卻不斷地擴大懷爾先生的夢想。要談安定還早呢！現在是勝敗的關鍵。不只成為美國屈指可數的金融機構，而且也要成為世界第一的金融機構才行。

九七年六月，美國的州際限制原則上解禁。當各州的限制廢止時，金融機構可以跨州自由展開業務。而美國議會也開始檢討去除銀行、證券、保險等藩籬的法案。而這也成為重新編制美國金融機構的關鍵。以往世界的金融機構專心於擴展自己公司的拿手範圍，而不會擴大規模。

因此，懷爾先生在規模的擴大上也暫時告一段落，開始傾注全力，希望旗下的證券、保險、消費者金融部門能夠成為各範圍的領導者。

預期超巨大金融機構時代的到來

但是，當州際限制解禁以及業際限制解禁時，在歐洲統一歐元貨幣之後，不光是美國，世界金融機構的戰略也必須要開始大轉換。不像美國以州為交界，歐洲並沒有國境，所以對金融機構而言，規模的優點具有極大的意義。

所以在全美或是全歐洲遍佈分店網的必要性，同時將各種業態納入旗下的必要性，也霎時增高。揭開了「超巨大金融機構」時代的序幕。

這也是歐美大型金融機構擴大規模的理由。九七年六月，美國州際限制的解禁成為金融再編成的關鍵。

日本的金融機構受到不良債權處理的連累，在要求縮小規模的時期，世界大型金融機構反而擴大規模。日本的機構不得不從歐美撤退時，大規模的歐美金融機構陸續登陸日本，實在是令人感覺諷刺的時機。

在三、四年前，以總資產規模來說，日本的金融機構居於上位的業界地圖已經重新更換了。世界主要金融機構的淨利排名前十名的日本金融機構，現在已經沒有任何一家存在了。

對於這些動向，懷爾先生敏感地做出反應。在九七年九月，以華爾街史上第二高的九十億美元的金額收購了所羅門公司。

所羅門是八〇年代華爾街最強的大型證券公司，九一年被發現以不正當手段招標美國債券的事件之後，陸續產生人材外流以及不安定收益構造等問題，被揶揄為「附帶餐廳的賭場」。餐廳指的是投資銀行部門，而賭場則是自行買賣部門，也就是藉著投機買賣賺取巨額利益的自行買賣部門，是所羅門拿手的範圍。

但是，被稱為這個債券部門顏面的約翰・梅里威札辭任之後，有力商人全都轉到梅里威札那裡去，而自行買賣出現激動的收益變動。九四年所羅門出現了四億美元的赤字。

九一年就任的底里克・蒙董事長拼命地重建，而他的盟友明神茂先生擔任自行買賣部門的領導者，想要穩定收益。到了九六年時，出現了六億美元以上的淨利。但是在股價不斷上揚、整個華爾街出現空前利益的狀況下，還是難掩其凋落的印象。

在這種狀況當中，九七年八月十四日，懷爾和底里克・蒙進行會餐，提出收購所羅門的計劃，而且加速進行計劃。

由旅行家收購所羅門的消息，自九六年開始從華爾街傳開，而懷爾卻說自己不感興趣而加以否定。可是到了九七年六月時，由於州際限制解禁，他的想法完全改變，兩個月之後對所羅門提出了收購的建議。

很明顯的這就是預期到超巨大金融機構時代到來，而展現的行動。能夠掌握時代先機的懷爾先生的能力，支持著他的成功。而接下來陸續持續大型合併，直到現在。

到了九七年，懷爾先生的年間報酬成為經營長者的第一位，到達二億二千七百萬美元。而根據美國經濟雜誌『fauvis』的統計，這一年CEO得到一億美元以上報酬的有四人，得到一千萬美元以上的有八十四人，一百萬美元以上的六四一人。

收入大半是配股等給予以外的收入，股價上揚使得CEO的報酬上升。配股則是可以用一定的股價買回自己公司股票的權利。而CEO在企業的業績提升時，就能夠獲得這個權利，同時也成為使得美國企業展現活力的要因。

也就是說，在美國的企業領導者的報酬受到業界的影響極大，因此經營者必須積極地經營，進行收購或合併。

先前敘述過，這一年美國的資產家基於領先地位的人，擁有自己公司發行股票總數的二二%，就是微軟公司比爾‧蓋茲的四九五億美元。

話題似乎扯遠了。總之到了九八年，懷爾先生與花旗信用合作社合併，名副其實地建立資產與淨利都屬世界第一的金融帝國。藉著將銀行納入旗下，建立美國有能力金融人員的目標——綜合金融服務公司。

絕不背叛朋友

但是，懷爾先生的腳步並不因此而停止，他常說今後將要以歐洲及日本的金融機構為目標擴大戰略。已經六十六歲的懷爾先生的動向，今後依然備受世界金融機構的關注。

這就是懷爾先生公開發表所說的，要建立世界最強的金融機構。通用電子董事長賈克・威爾奇形容懷爾先生：

「會把空氣變大的驚人人物。」

而繼比爾・蓋茲之後的大富豪瓦倫・巴菲特則形容他是：

「能以收購創造巨額價值的天才。」

的確，他是在金融史上不斷創造話題的人物，就算想要模仿他恐怕也無法辦到。

但是即使是天才，也需要能夠充分發揮其才能的舞臺。而且，支持舞臺的人材是不可或缺的。舞臺越大，就越需要值得信賴的人材來支持舞臺。

而對懷爾先生而言，支持其舞臺的重要人物，全都是他的朋友。例如，陸續拔擢美國運通的幹部，並不是想要藉此動搖美國運通的基礎，只是因為他所信賴的朋友大多是在美國運通工作而已。

盡量延攬朋友擔任要職，就能不斷地鞏固懷爾先生的舞臺。

聽說在日本的終生雇用制度也開始瓦解了。當終身雇用制度動搖時，如果能多擁有有能力的朋友，對於發揮自己的能力而言是一大關鍵。給他們負責任的地位，但是只是偶爾到職場去巡視的朋友是不值得依賴的，這樣的朋友隨時都有可能辭去公司的工作，而被其他的公司挖角。

值得信賴的是朋友。我想像美國這種不斷地拔擢有能力人材的時代，應該即將來臨了。

為了確保能夠支持自己才能的人材、利用更有利的條件確保拔擢的人材，能夠多擁有一些有能力、互相信賴的朋友，將是今後時代年輕生意人的第一條件。

能夠擁有獨立共同經營才能的朋友非常重要，但是這樣還不夠，應該要以更長遠的眼光來建立朋友，相信一定會影響你的將來。而最重要的就是要像懷爾先生一樣，絕對不會背叛朋友。

第5章

給「夢想」附加價值

菲爾·奈特

耐吉(NIKE)董事長

從行商開始的成功故事

籃球之神、世界超級明星麥克・喬登退休了。報導這個消息的世界上的電視臺，就好像追悼喬登似的，一起播放他那華麗演出的片段。我也看了電視的消息，但是看到畫面上喬登的演出片段，幾乎都是耐吉的CM。

穿著耐吉籃球鞋「喬登氣墊鞋」的喬登華麗地跳躍。而這一天在全世界播放的耐吉的廣告費以金額來換算，一定超過了數十億美元。雖然喬登退休，但是對耐吉卻有極大的貢獻。

「他退休以後，誰來繼承呢？」

世界上的籃球迷都對於他的退休而感到惋惜。『紐約郵報』、經濟雜誌『fortune』也算出了喬登的經濟效益約一百億美元，今後將會縮減，而造成美國的經濟損失。

美國掀起籃球旋風，芝加哥公牛隊兩度完成了三連霸，主要的英雄就是麥克喬登，而他的退休似乎使得這些光榮全都落幕了。對於他的退休，感觸比任何人都深的就是耐吉的創業者菲爾・奈特。

自從麥克・喬登的廣告登場之後，耐吉的業績就好像隨著喬登的飛翔似的，一年的營業額從十億美元擴大為四十億美元。耐吉的公司名稱不僅在運動員間，甚至在世界上也廣為年輕人所知。由於喬登的活躍，使得耐吉發展為世界級的企業，這種說法絕不誇張。

尤其喬登是在耐吉創業以來業績最低迷時退休。『紐約郵報』認為「以喬登的廣告商品，來締造業績的耐吉的營業額，無可避免的會減少」。

昔日耐吉新推出的運動鞋一旦擺在店頭，年輕人一定會大排長龍。甚至有的孩子不去學校上課而來排隊，還有為了搶奪鞋子而引發的殺人事件。但是，現在耐吉的運動鞋就算打了好幾折，也無人問津。

隨著麥克・喬登的退休，傳說的運動用品製造商——耐吉的時代是否就此閉幕了呢？我的答案是NO。相信聽到喬登退休的菲爾・奈特也會這麼回答。

「的確，喬登的時代已經結束。對於耐吉而言，也許也意味著一個時代的終止。但是，只要有運動、運動選手以及愛運動的人，耐吉就不會結束。新的耐吉現在才開始。」

奈特一定會這麼想。看到喬登退休的電視節目，他會不會開始回想以往所走過的路呢？

我對於本書是否該提到菲爾‧奈特感到有點猶豫。最大的理由就是耐吉創立時的最初業績並不佳。如果單純是因為運動鞋成為年輕人嚮往的目標，那麼耐吉的做法到此時是否已經陷入瓶頸狀態呢？對於這一點，我也感到不安。

此外，與金權掛勾的國際奧運委員會（ＩＯＣ）為代表的運動界的現況，或者說是運動和金錢有關的責任，耐吉也必須要負擔一些。我也感覺到其中的危險性。

但是，我還是果敢地為各位探討一下奈特先生。因為從在卡車上塞滿日本製的運動鞋、沿街叫賣行商似的行為，到現在耐吉的成長茁壯，奈特先生的成功故事對於國內的年輕人而言，的確有多方面的啟示。而耐吉企業本身，也可以讓我們看到以前日本企業的影子。

日本企業大多不景氣，日本的企業作風被時代淘汰了。在標榜世界標準的字眼之下，所有企業都開始模仿美國企業的做法。而在這個時候，介紹與美國企業做法完全不同地建立日本式的企業，並且有驚人發展的耐吉，的確有它的意義存在。

菲爾・奈特的成功故事，是從與當時獨佔美國市場的銳跑（REEBOK）對抗，雖然默默無聞，但是，卻利用行商販賣良質便宜運動鞋，這種只要任何人願意都可以辦到的行動開始的。

田徑隊教練執著於慢跑鞋

在一九五〇年代，菲爾・奈特是俄勒岡大學田徑隊活躍的中距離跑選手。但是不知道算是幸運還是不幸，他並不是運動界認為將來有希望的明星選手，只不過是靠著氣力和努力，掌握目前地位的一般選手中的一人而已。

而且他主修的新聞學也不具有將來性。事實上，主修新聞學並不是他本人的意思，而是父親的影響。

他的父親曾在法律事務所工作，後來成為『俄勒岡新聞』的律師兼業務經理，後來成為發行人。他非常嚴格，而且希望自己的兒子能夠畢業於東部大學，進入優良企業，建立經濟基礎。

在父親的影響下主修新聞學的奈特，對於成為一位新聞人員的興趣缺缺。但是在俄勒岡大學卻出現了一位決定奈特命運的人物——比爾・鮑曼。他後來成為奧運代表選手教練的田徑隊著名指導教練，是一位沉默寡言、個性倔強的人。

「教練，請你告訴我締造佳績的秘訣？」

曾有一位選手問鮑曼這個問題。他的回答只有一句：

「跑快一點。」

由這一段傳聞中，就不難想像鮑曼是什麼樣的人物了。

但這並不表示鮑曼不認真培育選手。事實上，他總是費盡心血地培養選手的能力，是一位熱心研究的教練。他所開發的間歇性跑步法，後來被田徑界廣泛採用。

鮑曼和其他教練的不同處，就是他對於慢跑鞋非常關注。

他擔任俄勒岡大學教練是在一九四七年。因為當時正值第二次世界大戰期間，威爾遜和運動牌等美國慢跑鞋廠商轉為軍需產業，幾乎沒有辦法得到田徑選手所穿的運動鞋。

因為沒有辦法只好忍耐。但是，鮑曼卻沒有辦法接受這種做法。認為既然無法得到，就只有自己製作，而直接到製鞋匠那兒去學習製鞋的方法。由這個事實就可以看出，他的確是一位非常熱心的教練。他認為如果鞋子能輕一點，就能減輕選手的負擔，而創造佳績。

而事實上，在奈特擔任選手時代，被田徑選手視為聖品的愛迪達的慢跑鞋，鮑曼並不滿意。他認為品質不佳、價格又太貴，因此，有空的時候他就跑去垃圾場撿拾舊輪胎，弄碎之後將焦油溶解，致力於新鞋的開發。

對於鮑曼先生而言，理想的慢跑鞋應該具備輕、穿起來舒服，而且堅固耐用、可忍受長距離跑的這三項優點。

相信奈特在俄勒岡大學時代聽鮑曼的這些話，應該已經聽到耳朵都長繭了吧！

副業是販賣日本製的鞋子

無論是從事選手或新聞人員都不具有將來性的奈特，後來進入史丹佛大學商業學校學習經營管理課程，看起來好像是打算遵從父親要他走的路。

但是當時為了製作期末報告，他以鮑曼所說的理想運動鞋為要件，想像一個虛構的事業。報告的內容為整理敘述這個事業的目的以及行銷的方法。

在一九六二年，當時的美國大量流入便宜的日本製品，大家都在討論便宜、高性能的日本照相機是否能夠超越德國，而聽到這些傳聞的奈特，立刻想到了慢跑鞋與日本的關係。

「雖說是粗製濫造的日本製慢跑鞋，但是，如果日本企業能夠製造出高品質的鞋子，那麼就可以以低廉的價格建立新的市場。」

這就是他的內容。而在寫報告時，他心想：

「這也許就能成為實際的事業啊！」

奈特心中萌生了這個念頭，但是只是暫時閃過。後來修完會計學的他，畢業之後回到俄勒岡州，進入美國八大會計事務所之一的事務所工作。

如果他只是凡人，應該會對這種順利的出發感到高興。但是，他卻利用了那年暑假的海外旅行到了日本。

同行者都去了富士山，而他真正的目的卻是拜訪日本的鞋商。他單獨到了神戶，去拜訪製造「老虎牌」慢跑鞋的廠商「鬼塚」。

他假稱自己是鞋子推銷員，並且要求與幹部對談。別人問他公司的名稱時，他當時隨口瞎編的公司名，就是他後來創業正式用的名字——藍帶。

得到鬼塚鞋子的奈特回國之後，讓鮑曼看了這雙鞋子，得到的評價是「的確不錯」。

這年的十一月二十二日，甘迺迪總統在達拉斯被暗殺。為了看在電視上轉播年輕又獲得美國最高地位英雄的葬禮，而向公司請假的奈特，在職場遭到責難，使他開始對於組織感到懷疑。

「組織並不是適合自己的場所。自己沒有辦法成為組織人。」

翌年一九六四年，他和鮑曼各出資五百美元，購買了一千雙的鬼塚運動鞋。

就這樣，奈特創立了他在日本脫口說出的藍帶運動公司。如果沒有發生和鬼塚運動鞋的相遇以及甘迺迪總統暗殺事件，可能就沒有現在的耐吉存在了。

奈特先生利用週末等會計事務所的假日，載滿一車的日本製運動鞋，到高中的田徑競賽會場銷售。而當時賣鞋子只是他的副業而已。

當時有些日本的上班族會偷偷瞞著公司，努力經營副業，而耐吉事實上就是從副業開始的。直接進口販賣當時國內沒有以及價格昂貴的商品，這就是世界級企業耐吉公司的開始。

掀起慢跑旋風

「便宜又輕。」

日本製的慢跑鞋著實暢銷。開始經營副業僅僅一年，最初投資的一千美元就回收了八倍，變成八千美元。

兩人利用這個資金，再次訂購了三千五百雙鬼塚的鞋子。而這時奈特下定決心，將銷售鞋子當成本業，同時在波特蘭開了一家小型的鞋店。這可以說是不顧父親反對的獨立行動。

到了一九六六年，鮑曼請鬼塚製造自己設計的慢跑鞋。將皮革製的鞋背變成柔軟的尼龍，同時使用鮑曼開發出來的特殊素材，完全包裹住腳趾到腳跟。
因而誕生了「克爾提茲鞋」這種慢跑鞋，成為耐吉的前身——藍帶運動公司的第一號鞋子，同時在美國西北部的競技會中非常暢銷。
由於克爾提茲鞋的暢銷，因此奈特和鮑曼各出資一萬美元，向銀行融資十萬美元，開始真正加入慢跑鞋的業界。
奈特寫信給田徑競技的教練及選手們。
「在世界上最懂得模仿的是日本人。加入鞋子事業，利用便宜的人事費用，連照相機都超越德國、造船超過希臘的日本，現在也加入以往由歐洲獨佔的田徑競技的市場。價格為六美元九五分，由俄勒岡大學的教練比爾‧鮑曼批發這種鞋子。」
隱藏鮑曼是共同經營者的事實，而巧妙運用著名田徑教練的名字。
翌年，鮑曼出版了一本書。書名叫做『慢跑——所有人都適合的課程』。而在出版這本書的三年前，到紐西蘭參觀的鮑曼，發現那裡中高年齡者慢跑的姿態，注意到後來掀起旋風的慢跑運動。
受到這個刺激的鮑曼回國之後，開發除了專業運動員以外的人適用的慢跑課程，而且在『LIVE』雜誌中介紹。所以掀起美國慢跑旋風的人，就是鮑曼。

他的『慢跑——所有人都適合的課程』後來成為暢銷書籍。出版這本書的翌年，馬拉松選手肯尼斯・庫帕出版了有氧運動之書。此外，鮑曼所指導的法蘭克・修塔選手在慕尼黑奧運馬拉松賽獲得優勝之後，美國人的運動觀慢慢產生了變化。

以往在美國，幾乎都是喜歡跑步的人（選手）以及喜歡看別人跑步的人。但是到了這個時候，並不是以競技為目的，以自己健康而跑的人陸續增加了。

如此一來，慢跑鞋的市場當然會擴大。在一九六九年，藍帶運動公司成長為一年營業額達到一百萬美元的慢跑鞋銷售公司。

聚集愛好跑步者的耐吉

但是進口量增加越多，與日本的鬼塚公司之間的關係卻逐漸不穩定。

「鬼塚會不會將銷售權交給更有實績的企業呢？」

奈特開始有這種危機感。在一九七一年，應該要銷售新品牌的新象徵標誌的鞋子時，奈特不禁想到這件事情。轉換期已經到來了。

接受奈特的決定，想出「耐吉」這個品牌名稱的，則是藍帶運動公司的第一號職員傑夫・強生。

身為史丹佛大學長跑選手的強生畢業之後，對於就職的問題猶豫不決。當時的美國是很難一邊持續跑步、一邊就職的狀況。身為長跑選手，想要持續跑步同時謀生，並不是件容易的事情。

自己也是跑步選手的奈特，非常瞭解跑者的這種心情。因此，他陸續雇用喜歡跑步的「跑者」，幫助他們謀生。在耐吉午休時，可以利用公司內的運動設施，進行兩小時的運動訓練。而在藍帶運動公司，也是非常重視能夠持續跑步、同時謀生的稀有公司。

不知奈特是否是下意識的這麼做，但是，當時的職員幾乎全都是跑者。什麼鞋子穿起來比較舒服、什麼鞋子最適合，當然這些跑者最瞭解，因此，能成為鞋子最暢銷的公司。

在七一年被藍帶公司雇用為營業員的強生，成為鞋子的設計師，開始設計鮑曼式的鞋子。有一天，在他夢中出現了希臘神話的勝利女神妮凱（Nike），用英文讀則為「耐吉」。想到此處，強生說服奈特以及其他的職員：

「像Ｘｅｒｏｘ（全錄）也是如此。只用一、兩個音節，加入Ｋ或Ｘ的文字的企業知名度都很高。新品牌的名稱應該叫做ＮＩＫＥ（耐吉）。」

奈特似乎想到其他的品牌名稱，但是職員們卻一笑置之，結果正如強生夢中的暗示一樣，決定了勝利女神「ＮＩＫＥ」。

而標誌則是好像粗大勾勾的半月型的圖案。據說想出這個標誌的就是當地波特蘭的學生。到了一九七二年，藍帶運動公司銷售了第一號的耐吉球鞋。而在這個時候，誰也沒有想到接下來的十年內，竟然會持續成長，發展為打破愛迪達所支配的運動鞋市場的企業。

如何避免成長期的內部對立

由此看來，很多人都會認為創業時期的負責人不是奈特，而是鮑曼。

決定銷售日本製的鞋子、開設鞋店的是奈特，而實際上努力銷售鞋子的也是奈特。然而推出「克爾提茲」暢銷商品的卻是鮑曼。活用他的知名度，才能使銷售順利。事實上，當時的奈特經常被鮑曼責罵。當然鮑曼責罵他的原因是關於鞋子方面的技術問題，表示他對於成為慢跑鞋商品的處理態度非常認真，擁有強烈的熱情，希望能夠推出更優良的商品。

每當奈特被責罵時，就會駕車外出，等到鮑曼怒氣消失為止。

這也是奈特的優點，一般的凡人恐怕很難做到這一點。是自己創立的事業，但是卻被鮑曼責罵。公司越大，一般人就會認為「創業者是我。我才是董事長。」結果，在公司內就會形成對立，使得好不容易成長的芽被摘除。成長企業因為內部對立而瓦解的例子實在太多了，如果希望成為企業家，絕對不可以忘記這一點。

當然，鮑曼比奈特年長，而且鮑曼對於製造鞋子擁有熱情，完全沒有金錢慾及事業慾，而奈特也非常尊敬及信賴鮑曼。但是，如果被責罵的奈特無法學習鮑曼的熱情，恐怕就沒有現在的耐吉存在了。

建立耐吉企業的精神支柱就是鮑曼，而奈特也要忠實地遵從他的教誨。

只有鮑曼，不可能成立耐吉企業。而奈特也有不亞於鮑曼對於慢跑鞋的熱情，而且他很有經營感，所以耐吉才能持續成長到今天的地位。

然而對於這個時代的耐吉而言，還有另外一位精神支柱的人物。就是鮑曼的弟子——二十四歲前刷新七項美國新記錄的中距離跑者——史帝夫・普里芳登選手。

原動力是反對精神

奈特的另外一個優點，就是注重的不是與運動有關的組織或機構，而是運動選手。當時的美國和現在的日本相同，執運動界牛耳的是聯盟等運動組織，而運動員個人只不過是滋潤組織的一顆棋子而已。像愛迪達等廠商，為了推銷自家公司的製品，會採取將這些人招待到組織上層部的攻勢。

藉助鮑曼的話來說就是：

「有錢人的癡呆特權階級。」

秘密給予優秀選手金錢，讓他們穿自己公司的鞋子。由於自己享受到企業的恩惠，因此，組織的幹部們也默許原本禁止的選手的金錢授受行為。

連被暱稱為普里的史帝夫・普里芳登選手也不例外，他收了愛迪達一些錢，回報就是穿愛迪達的鞋子。

而奈特公然提供五百美元給普里，條件則是要他穿耐吉的鞋子，同時穿印有耐吉名稱的運動衣。現在當然不是問題，不過在當時，這就好像是對美國運動聯盟（AAU）挑戰。

AAU以及同業其他公司，對於公然進行以往檯面下的行為感到非常憤怒，同時AAU對普里提出禁止穿耐吉運動衣的警告。但是從以前就打破公式規則的普里，無視於這種警告。不僅如此，同時還樂於幫助奈特，造成AAU的困擾。

事實上，這種反對精神以及反體制的態度，成為當時耐吉的原動力。所有的職員都抱持著共通的信念，而這個信念成為普里選手的反對精神，同時也形成了對於AAU的反叛形態。

但是遺憾的是，運動界的叛逆兒普里，在二十四歲時就因為車禍意外身亡。那是一九七五年的事了。

貫徹「選手本位」的信念

耐吉的反體制信念歷久不衰。後來耐吉不光是銷售運動用品，同時就像聘請麥克・喬登為代言人的表現一樣，甚至參與運動選手的代理業（經紀人），而其目的與其說是做生意，還不如說是想要從壓抑選手的權利來滿足自己的組織，以奪回選手個人的權利。

因此，有時奈特會遭到一些責難：

「侵入運動界，是弄髒運動界的收穫者。」

但是，奈特不但不在乎這些責難，還說：

「我們應該幫助有才能的選手得到光榮，這樣才能成為企業的利益。」

而這種信念越來越強烈。

因為這種信念，所以他毫不畏懼、果敢地挑戰體制，成為耐吉的驚人發展的一大原動力。

與體制作戰成功的例子，在最近的日本也可以見到。像在旅行代理業獲得成功、成立新航空公司的ＨＩＳ就是其中之一。

對於日本海外旅行的不合理收費感到懷疑，希望能夠訂出與歐美一樣價格便宜的票價，因此在二十八歲時成立ＨＩＳ公司的澤田秀雄，完美地製造出一個便宜票價是理所當然的現狀。但是，結果卻出現了國內的航空票價高於國外航空票價的奇妙現象。

國內的航空公司依然不願意推出價格便宜的機票，因此，他才斷然決定成立新的航空公司。

雖說整個日本的限制已經緩和，可是為了打破以往的限制票價，必須要和經濟部展開激戰。這種打破獨佔日本航空的三家公司的體制、打破限制票價的反體制的態度，不僅讓新航空公司獲得成功，也使得日本國內的航空業界引發價格競爭的風潮。

不要為了迎合體制或習慣而作戰，有時候反體制的態度會成為很大的力量，而變成引導事業成功的原動力。

神奇的「耐吉氣墊鞋」的誕生

業績不斷地發展，在一九七二年營業額到達三百二十萬美元，一九七九年時已經達到二億七千萬美元。

這段期間內，鮑曼開發了革命性的慢跑鞋。就是配備了能吸收撞擊力的墊子、穿起來十分舒適的運動鞋。他是在看到妻子烤華夫餅的時候，想到了這個點子。後來，花費了幾年的開發時間，在一九七七年完成了華夫餅型鞋底的運動鞋。

當時，幾乎所有的消費者都認為藍帶運動公司是日本企業，而且有些人把耐吉的品牌發音為耐可。

然而藉著這雙著地時能夠吸收撞擊力的劃時代運動鞋，使得耐吉一躍成名。能夠保護腳的耐吉的運動鞋，對於注重健康的慢跑愛好者而言是必須品。

到了一九七九年，三個人中就有一人擁有慢跑鞋，而其中一半都是耐吉製的運動鞋。而在這一年，耐吉又將劃時代的運動鞋送入市場，那就是「耐吉氣墊鞋」。

由前航空宇宙工學家法蘭克・魯迪想出來的這種運動鞋，是在聚氨酯的袋子裡放入分子較大的特殊氣體的氣墊，同時將其應用在鞋底裡。這是在生活用品剛開始採用高科技的時期，藉著耐吉氣墊鞋的銷售，確立了耐吉成為高科技運動鞋廠商的地位。

而且在這個時候，藍帶運動公司也更改名稱為耐吉運動公司。到了八〇年，耐吉藉著「耐吉氣墊鞋」，打破了愛迪達支配美國市場的局面，在美國奠定了頂尖運動鞋廠商的地位。

而在這一年，耐吉的股票上市。包括菲爾・奈特在內的新舊職員，以及購買無擔保公司債券的投資家們，一下子就成了大富翁。

這是整個公司最騷動的時期。大家每個晚上飲酒作樂、跳舞，每天都有人喝到吐。而奈特本身甚至會在公司的慶祝會中穿著女裝，舉行就好像日本泡沫經濟期，日本企業會舉行的慶祝宴會一樣，藉此提高職員的團結以及對耐吉的忠誠。

就這樣，『fortune』雜誌在一九八二年美國產業界的年度報告中，介紹了耐吉是過去五年內賺取最高利益的企業之一。對於耐吉而言，這種景氣很好的時代一直持續到八五年為止，成為得到相關業者以及同業認同的企業。

八五年開始，劃時代的麥克・喬登的廣告在街頭巷尾流傳。當時默默無聞的一位年輕人朝向目標挺進，用力一躍。不斷延伸的躍動影像，還有在影像最後十秒的慢動作，他就這樣飄浮在空中。

的確是劃時代的CM。命名為「喬登的飛翔」的這支廣告，使得一般民眾深受喬登的吸引，同時喜歡上籃球，而且也肯定了耐吉氣墊鞋優良的氣墊技術。

擁有這般優秀才能的年輕人，在僅僅數月內就被稱為「空中飛翔的 Nike Guy」「Air Jordan」，成為名人。同時銷售的「Air Jordan」也非常暢銷，引起在店頭大排長龍，甚至出現壟斷、中古交易等以前運動鞋市場不曾有的各種現象。

而這時也是許多人模仿著名運動員打扮的時代。耐吉製作的籃球鞋及慢跑鞋不是普通的鞋子，而是成為象徵年輕人生活形態的名牌鞋。

在每次銷售期陸續推出的麥克・喬登的CM，形成強烈的印象，深植於腦中，同時也開始喬登豪華、令人驚嘆的活躍舞臺。年輕人對此深感興趣，會反覆看好幾次，以往未曾有的廣告就此登場。

如何創造品牌迷

值得紀念的八五年，對於耐吉而言，並不是很好的一年。「Air Jordan」成為暢銷商品，而女性消費者們也慢慢開始勒緊了耐吉的脖子。

這是因為有氧運動的大流行。而職員大都是田徑選手出身的耐吉，其盲點就在於此。即使是奈特，也沒有察覺到需要女性專用的韻律鞋。

而較快注意到這一點的是「銳跑」。免費將自己公司的韻律鞋分給上千名韻律老師的想法的確沒錯。在八一年原本為一千五百萬美元的「銳跑」的營業額，到了八七年時變成十四億美元。超越耐吉的迅速成長，霎時躍出成為運動鞋的頂尖企業。

而與這股威力成反比的，就是耐吉已經脫離了女性消費者。而且從麥克·喬登的CM開始，一年二千萬美元的耐吉的廣告費變成了一億美元以上。業績不斷惡化，加上支出增大，耐吉陷入資金不足的狀態，沒有辦法進駐女性運動鞋市場。

六四年以來，一直順利締造業績的奈特，頭一次嘗到挫折與失敗。

八六年喬登骨折，六十四場比賽都沒有上場，更加速了「Air Jordan」的營業額低迷、業績惡化的狀態。

而奈特在八六、八七年實施了耐吉創立以來的裁員行動，將近四分之一，六百五十多名的職員都被裁員。對於重視職員團結及忠誠心的企業而言，這是自相矛盾的做法，當然在內部也留下了心結。

但是，耐吉並沒有想要縮小CM戰略。在八八年，後來成為耐吉代名詞的「JUST DO IT」的CM系列推出，給與許多美國人實行的勇氣。

「現在立刻穿著鞋子外出吧！」

耐吉的呼籲明顯奏效，引起很大的迴響。而八九年堪稱奇蹟的耐吉的CM播放後，震驚了視聽者。

展開一系列的「波爾知道」的廣告宣傳。採用大聯盟白襪隊超級明星波爾．傑克森的這支CM，耐吉甚至還推出了預告CM。也就是為了新的廣告播放出預告廣告。

預告這一天播放了這支廣告。看台上擠滿了熱衷於棒球的棒球迷，在大聲的支援下，波爾．傑克遜登上了打擊區，而看臺上的球迷全都舉起「波爾知道」的板子，戴著相同文字的帽子。空中還有一架拖著「波爾知道」字幕的飛機飛過。似乎連傑克遜本身都覺得很驚訝。而站在打擊區的他，真的揮出了全壘打。看臺上歡聲雷動，就好像節慶般非常熱鬧。

到目前為止並不是廣告，而是實際的棒球實況轉播。然後接著畫面才更換為「波爾知道」的CM。傑克遜用力一揮，擊出了全壘打。不知道是不是巧合，但是對於觀眾而言，感覺就好像是耐吉的演出一樣。

這支幸運巧合的全壘打，成為重要的關鍵，耐吉業績再度上升，而波爾所穿的運動鞋部門一口氣得到八十%的市場佔有率，再次奪回業界的寶座。

裁員以來，為了重建耐吉，奈特當然是全力以赴。而公司內也掀起了自我反省的檢討聲浪，重新拾回已經被遺忘的創業初期的熱情，職員們重新合為一體。

「JUST　DO　IT」

這句標語，可以說是耐吉對自己所說的話。雖然經費不足，但是起用麥克・喬登或波爾・傑克遜的廣告攻勢並沒有停止，其理由就是：

「有崇拜運動選手的運動迷，但是沒有崇拜運動用品的品牌迷。運動用品想要創造品牌迷，就必須由偉大運動員使用這種品牌的運動用品開始。」

這就是奈特的信念。一連串的CM，奈特的確成功地給予耐吉的運動用品極大差別化的附加價值。而藉著這個附加價值之賜，從八〇年代末到九〇年代初期，即使美國經濟不景氣，但是耐吉再度迎接黃金時代的到來。

沒有傾注全力的職員，企業就無法成功

為了公司著想，職員要互助合作，合而為一的工作。每個人都要把公司的成長與自己的生活提升結合在一起，這就是高度成長時代的日本組織。

不管奈特是否意識到這一點，總之我認為耐吉這間公司，就擁有日本的這個傳統。運動員奈特說：

「如果耐吉企業以團隊的姿態登上舞臺，就會成為偉大的組織。」

這可以說是日本企業的特徵之一。而奈特經常給職員的訊息就是「要勝利」。大家就朝著團隊勝利的目標合而為一，不斷地作戰。這也隱藏著耐吉飛躍成長的關鍵。

當時的美國，幾乎所有的人都對公司失去了忠誠心。只要提出有利條件，就會不斷地轉職。在這樣時代中，的確朝著就好像現在的日本企業所進行的方向前進。

而在這種狀況之下，奈特還打算植入職員對於企業的忠誠心。也許是想太多了，但是最初職員都是田徑選手，可能是運動員對於團隊的勝利會有忠誠的貢獻吧！

一大早就去公司，全部的職員到晚上九、十點還在上班的廠商非常罕見。當然，也限制了和家人交流的時間。因此，耐吉公司內的商店擺滿了全家人都喜歡的商品，而且和子女一起到公司去，把孩子交給公司托兒所的職員也不少。而這些職員全都會穿著耐吉開發中的試作鞋子，揹著印上「JUST DO IT」的背包，或是使用有耐吉標誌的手提包。

在俄勒岡州的耐吉總公司——耐吉世界園區的建築物和設施，全都是以對耐吉有貢獻的人的名字來命名。像麥克·喬登大樓或是波爾·傑克遜中心等，都是運動選手的名字。此外，也有很多利用波曼·德萊布等對公司有貢獻的職員名稱所命名的小徑或設施。在有這些名字的小徑上慢跑，看著許多的大樓，夢想自己的名字有一天也能成為對耐吉有貢獻的職員之一，永遠留在此處。

此外，提供給職員看的許多錄影帶，都鼓舞著職員。這些錄影帶當中，當問到在耐吉工作的情況時，職員都會異口同聲地回答：

「感覺就好像在決戰前夜似的。」

「好像到遊樂場遊玩。」

「好像在衝浪。」

耐吉是一個快樂的企業，和其他認真的企業不同。只要有機會，就會將這種情緒深植於職員的心中。所以幾乎前身為運動員的職員，不置可否地都將自己視為是耐吉這個團隊的一員，為了耐吉，一定會拼命努力。

如此一來，對於辭去公司職務，轉行到同業其他公司的職員，當然會加以排斥。

「即使在走廊上遇到以往一起工作的同事，也不會打招呼。就算是以前的好朋友也是如此。我打電話過去也不回電，只會問我關於運動鞋的事情而已。」

前耐吉幹部，後來成為「銳跑」幹部的約翰・摩根說了這番話。對於耐吉的職員而言，轉到其他同業公司的職員就算以前是朋友，現在都是敵人。

當然，有一些媒體會諷刺耐吉就好像是一種宗教迷信一樣，公然揭示反耐吉的言辭，這一點我能瞭解。但是每個職員的忠誠心及團結心，無可否認地的確是使耐吉飛躍成長到此地步的原動力。

曾親眼目睹昔日高度成長期日本組織的奈特，是不是想藉著運動，讓日本式的這種組織建立法在耐吉紮根呢？

朝向一個目的，全員發揮全力。在運動的世界中想要獲勝，這是不可或缺的真理。而這就是拼命想要美國化的日本企業的做法。即使放棄複雜的人際關係，但是全員朝向同一個目的邁進，這樣就不會失去團結力。如果不是對企業奉獻全心全力的職員，企業無法獲得成功。

耐吉世界園區有一處照料得很好的日本庭園。看到這個庭園，讓我們想到耐吉的確吸收了日本企業的優點，而不斷地發展自己的企業。

為什麼能夠得到強大的支持及忠誠呢？

對於耐吉的堅定忠誠心，是所有和耐吉簽訂契約的職業運動員都擁有的。

「是耐吉讓我賺大錢。」可能是一種恩義的回報吧！被稱為NIKE　GUY的運動選手們，對於耐吉的忠誠心已經超越了這種恩義。

證明這一點的事件，就是在一九九二年巴塞隆納奧運會這一年的NIKE　GUY的反叛。

大家都知道，在奧運中會有很多企業以龐大金錢賄賂奧運委員會，以推銷它們的製品。而當時購買到在巴塞隆納奧運中美國代表隊領獎時所使用的制服權利的，就是耐吉的敵人銳跑。而且，從這次的奧運會開始，職業選手可以出場比賽，在美國組成了夢幻球隊，打算參加比賽。

超級明星麥克・喬登以及查爾斯・巴克雷最初反對參加奧運比賽，但是昭告天下自己得了愛滋病的魔術強生卻說：「這是我最後的舞臺。」

因此，他們決定出場。組成一定會得到奧運金牌的最強隊伍美國夢幻隊。而隊員半數都是NIKE　GUY或是耐吉支持者。由喬登領軍，宣布在獎臺上不穿銳跑的制服。

昔日耐吉和史帝夫・普里芳登，與美國競技聯盟作戰的反叛事件，這次藉著麥克・

喬登等人以奧委會為對手，歷史又重演了。但是美國奧委會（USOC）則發表主張，如果不穿正式的制服，就不能夠到獎臺上領獎。

耐吉的反體制體質的健在藉著喬登等人證明了這一點。不過這場戰爭對於耐吉而言，並沒有好的影響，反耐吉派正好將其當成用來攻擊耐吉的材料，甚至連應該是耐吉迷的消費者都對耐吉大加批評。

「在運動最大的盛會奧運會上，怎麼可以做出這種污染最高儀式的行為！」

傳播媒體以及消費者都做出以上的表態。甚至連奈特也動搖了。引起這場騷動並不是奈特的目的，但是，既然是處於巨大耐吉經營責任者的立場，當然必須要收拾善後。

但是，奈特深知遭到越大阻力、越會反抗的喬登的個性，因此他只寫了一封信。信上說：

「在頒獎當天即使穿著銳跑的制服，也不算是違反與耐吉簽訂契約的行為。」

似乎是順其自然地看著整個事件的發展。而奈特的這種態度對於耐吉而言也許會造成不良影響，但是，對於NIKE GUY而言，的確值得依賴。因為奈特並沒有強制選手們要屈服自己的主張。

但是事態陷入混亂當中，喬登主張絕對不穿銳跑的制服。而查爾斯．巴克雷也與他同調。結果USOC說：

「全部的人都必須穿銳跑製的制服，不過一部分的選手不讓制服的商標被看到也可以。」

總算各讓一步，達成妥協。而喬登等人也立刻做出反應。有的人將衣領大大地敞開，遮掩商標。而喬登與巴克雷則貼上美國國旗，遮住銳跑的商標，站在獎臺上領獎。

這個事件代表的就是NIKE GUY對於耐吉的忠誠心。但是，為什麼他們會對耐吉竭盡忠誠呢？

「只要有才能，任何人都能達到相同程度的水準。但是耐吉卻讓他們超出了這種水準，藉此使他們賺大錢。他們絕對不會忘記這一點。」

這是巴克雷所說的話。不管是哪一位NIKE GUY，都認為只要跟著奈特，就能夠使自己提升到比聯盟或大聯盟更高的地位，這也成為他們對於耐吉的忠誠心。

而且製作了能夠將他們的偉大和魅力發揮到最大限度的廣告。CM成為話題，耐吉製品也有了很大的附加價值。

一般的ＣＭ只不過是起用著名的選手或演員宣傳商品而已，但是耐吉的ＣＭ並不主張商品的魅力，而直接展現了選手的魅力。

而其中對於耐吉具有忠誠心的選手，能夠發揮最大限度的力量與魅力。越拍攝越瞭解到，為了耐吉產品製作的ＣＭ，事實上，卻變成能夠擁有美麗印象及神奇力量的廣告。

愛運動，不要忘記夢想

「不要成為為組織著想的選手，而要成為適合選手的組織。」

雖然身為一年銷售一億雙運動鞋的頂尖企業，奈特現在還是運動員，是個愛運動的人。因此，高爾夫選手老虎伍茲以及大聯盟的野茂英雄，都很高興成為ＮＩＫＥ ＧＵＹ，跟隨著奈特前進。

現在耐吉本身呈現業績低迷的景象。

「不願意再裁員。」

在八五年裁員之後，宣稱不願意再裁員的奈特，到了九三年時，還是必須實施小規模的第二次裁員。九四年股價下跌，後來亞洲經濟蕭條，再加上職業運動人氣低迷，就好像飛鳥墜落之勢一般。

但是，奈特卻好像不死鳥一樣，三度飛了起來。而訴說這一點的就是九八年耐吉登場的新標語。捨棄成為世界上認知的耐吉代名詞：

「JUST　DO　IT」

之後，推出新的標語：

「I　CAN」

也就是說，「即使運動鞋旋風已經離去，但是運動卻不會衰退。今後將參與所有運動用品部門，擴大耐吉迷的層面。我一定能辦到。」

相信對於奈特所發出的這個訊息，絕對不只我一個人感受得到。雖然職業運動旋風或運動鞋旋風已經離去，剩下的才是真正的耐吉。而支持耐吉新成長的，就是愛耐吉、宣誓對耐吉忠誠的職員以及耐吉這個組織。

第6章

利用「交涉力」與「行動力」做人處事

孫正義

SOFT BANK 董事長

將不可能化為可能的商業手法

在日本罕見真正的冒險事業的旗手，以整個世界為對象，展開大型商業的孫正義先生——在探討這位企業家的實際風貌時，就必須要訴說美國這個巨大、最高的階層。創業以來，孫先生經常看準直接與世界相連結的美國，不拘泥於日本的習慣，利用美式的手法，將不可能化為可能。

雜誌『Ｖｏｉｃｅ』不久前推出的特集「在二十一世紀生存」中，孫正義被列舉為新經營的冠軍。該雜誌刊載他所說的話：「推展企業的統合、合併、收購的Ｍ＆Ａ是經營的王道。」

而雜誌『維吉』則以「興銀對ＳＯＦＴ　ＢＡＮＫ，明天有危機嗎？」為題，刊載大銀行以年輕投機企業為對手交戰的內容。

日本對於孫先生這種大型美式商業手法的評價，毀譽參半。但是，他採取的是以往日本的經營者從未使用過的方法，按照以往的做法來看，的確是非常危險，然而他卻成功了。

在日本擁有這麼棒的企業家，而且還很年輕，是精力旺盛的企業家。在二十一世紀迎向真正的大衝擊時期，也許他可以成為新型企業家的典範。

對頭一次見面的COMDEX董事長熱情接待

從個人電腦的軟體流通，以及電腦相關出版兩個部門起家的SOFT BANK，藉著孫先生高明的手腕，得到日本第一的寶座。他則以「好像數豆腐一樣來提升營業額」勉勵自己，尋求飛躍的進步。也就是說，好像一塊、兩塊似地數豆腐，希望營業額能變成一兆、二兆，不斷地攀升。

在本業的範圍想要得到世界第一的他，於國內得到第一之後，並不想將觸角伸向其他的範圍，而選擇進駐世界。環顧個人電腦業界，在日本擁有第一業績的微軟以及英特爾，都是美國排名數一數二的業界。

也就是說，在這個業界中，美國是大佬。因此，孫先生認為：「一定要將旗子插在美國這塊土地上，才能完成進駐天下的主張。」這是他進駐美國的根源。

展翅朝向世界市場飛去，最初是收購ＣＯＭＤＥＸ。ＣＯＭＤＥＸ在電腦方面，擁有世界最大的展示會。在ＳＯＦＴ　ＢＡＮＫ股票上市前的一九九三年秋天，曾在拉斯維加斯觀摩ＣＯＭＤＥＸ會場的孫先生，注意到一項傳聞。

「ＣＯＭＤＥＸ可能要賣掉哦！」

ＣＯＭＤＥＸ是指集結電腦高科技、非常具有價值的商談場。而這個展示會聚集了世界上的企業家。孫先生想如果這個地方要拍賣，我願意購買。

當時，他立刻去見創業者、集團的董事長薛爾頓先生。董事長說：「現在並沒有打算立刻賣掉，但是我們自己年紀也大了，還是會考慮對象及條件。」

在被問到有沒有錢時，孫先生的回答是：「現在沒有，但是我們公司的名稱是ＳＯＦＴ　ＢＡＮＫ，看起來像是會賺錢的名稱。」而董事長則大笑回答：「你真是有趣的傢伙。」同時告訴他，有了資金再來跟他談。

真的想要購買ＣＯＭＤＥＸ的孫先生則說：「你一定要記住我這個很想買ＣＯＭＤＥＸ的男人。我不單是為了賺錢，我是真的很愛個人電腦業界。」然後就告辭了。

素昧平生，而且連股票都未上市的一個日本企業的三十多歲的年輕經營者，竟然敢和頂尖企業直接交涉。看似有勇無謀的行為，但是，事實上就是因為對自己的信念貫徹，才能爽快地展現積極果敢的行動。對於美國而言的一位默默無名的年輕實業家，而薛爾頓董事長卻願意與他見面，表示他也是一位胸襟開闊的人，因此我們不得不佩服美國這個國家的此種作風。

M&A就是企業的合併和收購。在日本大致來說，都會造成負面的印象。以往日本M&A的形態就是經營失敗的創業者不願意放棄公司，但是不斷創造業績的公司卻想要趁機收購一蹶不振的公司。

另外一方面，美式的M&A一言以敝之就是「乾淨、健全的M&A」。在日本也有很多血親公司，但是美國卻不會執著於這一點。就是因為創業者對公司的想法在根本上就有差距。

例如，具有血緣關係的人成為事業的繼承人，如果說此人沒有幹勁或能力，公司當然也不可能有發展。這時就只好交給有企圖心的其他企業家。而在美國有許多擁有這種想法的創業者。他們認為公司是生物，希望這個生物能更健全、茁壯，這種思想就成為開放的M&A的基礎，這也就是孫先生看法。

我想說的就是，他並不只是單純地想到M&A。提到孫先生，大家想到的就是這一點，事實上，他的思慮更為深遠。而其行動的基本就是想要稱霸世界，在世界上打響名聲的高昂鬥志。但是，很多日本人卻不知道這一點，我感到非常遺憾。

日本人比較小氣，對歐美人會產生一種奇妙的自卑感。即使在日本屈指可數的企業經營者，要他一開始就把目標訂在世界第一上，恐怕他會覺得非常勉強。回顧過去，能夠堂堂正正以整個世界為對象來待人處世的，只有SONY公司的盛田昭夫，以及本田的本田宗一郎等人。由這些意義來看，孫先生的確難能可貴。

只以信用作擔保就得到許多的融資

在個人電腦方面，世界第一的出版社吉夫・戴維斯就要賣出的消息，是SOFTBANK在九四年七月推出上市股票之後不久的事情。而孫先生當然立刻與對方接觸。與談COMDEX情況同樣的，它和創業者威廉・戴維斯董事長直接談判。

從美國的報紙直接得到情報後，立刻判斷、展現行動，就是孫先生優秀的資質之一。而這種決斷力和行動力，對於今後經營者而言，卻是必要不可或缺的要素。

雖說是即斷即行，但是，當然他必須要對打算收購的公司有所認識。例如，吉夫・戴維斯的出版品『PC——WEEK』，比起『fortune』等其他幾家雜誌的廣告收入多了很多。以一本雜誌就能得到世界第一的利益。

不僅如此，還擁有廣告收入排名第二、第三及第五的雜誌。經常掌握這些情報，當然能夠迅速地判斷與行動。

戴維斯董事長對孫先生說：「我生病了，想要退休。但是兩個孩子想要從事其他的事業。沒有幹勁的兒子如果繼承我的事業，就會成為職員的不幸。」

打算賣出吉夫・戴維斯的董事長的決斷，就是美式開放的M＆A，以招標的方式進行收購。

這是以往從未進行過的大型收購，孫先生要求主要銀行興銀等給與融資。但是不管哪一家銀行都回答沒有辦法籌措資金，而不願意幫忙。

於是他在美國國內成立智囊團，以世界第一的投資銀行摩根・史坦利為顧問，延聘了律師、會計師等美國一流人材組成團隊。

孫先生首先和他們商量的是收購資金的問題。由於股票才剛上櫃，所以SOFT BANK沒有這種資金能力。而另外一方面，打算收購的吉夫•戴維斯原比SOFT BANK的規模大。希望他們能對於應該如何籌措資金，給予好建議。

看似有勇無謀的行為，但是，他們的回答卻是：「即使沒有錢，也有可行的辦法。」不愧是智囊團的成員。其方法就是LOB＝以信用作擔保接受融資。

SOFT BANK的股票上櫃之後，的確得到了某種程度的收益。當然吉夫•戴維斯也締造了很大的利益。兩家公司的收益合計計算，成為一加一不等於二，而是等於三的信用力。以此做為擔保，相信銀行就會貸款。

對於這種說法，起初孫先生感到半信半疑，但是，智囊團卻向紐約銀行、花旗銀行、曼哈頓銀行等三家銀行，打聽融資的可行性。以往從未交易過的三家銀行，卻接受他們晚宴的招待，席上由孫先生進行SOFT BANK的說明。

一週後，三家銀行全都通知他們，願意進行好幾百億的融資。孫先生回顧以往，他說：「現在想想當時，真的是很神奇的體驗。」

當時SOFT BANK的一年營業額是兩百多億，利益為十幾億。沒有足夠的資金，而且想要收購比自己公司更大的企業，大概不會有人這麼做吧！

但是，像這種M&A的例子在美國屢見不鮮。但是為什麼我國辦不到呢？其理由就是經濟部有過多的限制。而且國內銀行或證券公司並不具備開闢新道路的勇氣與耐性。而孫先生本身也曾經詢問過日本銀行是否能夠進行LOB，可是對方卻不答應。銀行的這種作法最後只會被排擠到世界之外。

我經常說「日本的常識是世界的非常識」，日本銀行現在非常貧窮，其原因就在於對於股票市場的銀行的偏見以及非常識。很明顯的，日經股價指數每次下跌時，幾乎要倒閉的銀行就會增加了。

孫先生對於提出資金籌措建議的投資銀行摩根•史坦利，支付了超過了四億的顧問費。而美國銀行或者是顧問公司，經常在這一方面得到許多利益。

另一方面，日本銀行會將從一般大眾那兒收集到的存款貸款給企業等，賺取利息，這些就成為銀行利益的九成。而美國銀行利用這種方式得到的利益，只佔四成，六成以上都是藉著投資顧問的工作而得到的。我認為這對於銀行的再生而言，的確是非常重要的啟示。

美國銀行不太重視當成擔保的不動產等，不會短視近利。也就是說，這家公司在這一年到底能夠提升多少利益、到了翌年又如何、幾年之後的利益又會有多少，會以這樣的方式來做評估。

也就是說，會仔細計算利益的流向，同時勘察其他的危機要因來判斷其信用度。所以，沒有很多不動產做擔保的孫先生，能夠得到龐大融資的理由就在於此。

收購吉夫・戴維斯

解決融資問題後，很有自信地等待招標日到來的孫先生，這時接到了一通令人難以置信的電話。聽說招標已經結束了。結束時間是在下午五點，但是沒想到這通電話是告訴他招標提早了五個小時，在正午就已經結束了。專門進行M&A的公司藉著單獨交涉權收購了吉夫・戴維斯。

也就是說，這家公司得到了「單獨交涉權」，才收購了吉夫・戴維斯。何謂單獨交涉權，就是在招標之前提示破格的條件，一旦OK之後，就以現金全額支付，不用加入招標，是一種強硬的方法。而吉夫·戴維斯也接受了這個條件，取消了招標。

收購的這家公司事前進行過調查，發現希望收購的企業當中，以SOFT BANK最為有利，但是，不確定當天是否能準備好資金。掌握情報之後，就使出了單獨交涉權的戰術。

一心想要參與招標的孫先生感到非常失望。從摩根·史坦利事務所回到飯店，躺在床上，由於睡眠不足，一下就睡著了。一覺醒來，時間是四點五十五分。如果說按照預定計劃進行招標，只剩下五分鐘了。

在這一瞬間，孫先生的腦海中突然靈光乍現。他知道吉夫·戴維斯不只有出版部門，而且還留下展示會部門以及資料庫部門。以前他曾經見過展示會部門的薛爾頓董事長，他想也許可以藉著收購居於第二位的吉夫·戴維斯展示會部門，而使它成為世界第一。

距離投標結束時間應該還來得及，孫先生立刻打了電話。但是，要提出展示會部門投標價格的時間似乎已經所剩無幾了。他請求延長投標時間，對方考慮他的原因之後，給他的期限是在當天午夜零時之前提出。

最後算出收購價格是在投標前五分鐘，總成功地得標。那是九四年十月二十五日的事。

過了一個晚上後，孫先生立刻展現行動。和COMDEX的擁有者取得聯絡，提出收購的要求，在僅僅五分鐘之內就達成了協議。他在一天之內，將世界第一、第二名的公司據為己有。根據某項調查機構顯示，在這個範疇的美國佔有率，目前為七五%。

孫先生說，收購成立的過程本身就是自己的一大財產。要收購吉夫·戴維斯的時候，對於總共有一百多本、每本資料為二百多頁的資料檔案，利用電腦進行模擬演練，算出可以收購的價格及可能得到的價格，還從各種角度分析利益等，結果文件多達二萬頁。

興銀對SOFT BANK的真相

得到COMDEX的收購保證之後，孫先生再度請求日本銀行給與融資。「如果這次不行，那麼，我就會和收購吉夫·戴維斯時一樣，去要求美國銀行。」他這番話總算使日本銀行屈服了。由於在美國的前例奏效，因此在無擔保狀態之下，得到五百億日幣的融資。

但是有條件。也就是說，今後孫先生進行M&A的時候，事前一定要得到銀行團的答應，而且金額以八十億日幣為上限。原本不打算再進行M&A的他，對於對方提出的條件欣然答應。

半年之後，遇到了一個好機會，可以收購以前錯失良機的吉夫·戴維斯出版部門，但是這時卻發生了問題，因為融資的額度受限。和銀行商量後，對方卻不答應。雙方已經簽訂了契約，所以這是理所當然的反應。

在公司內尋求對策，重新確定契約書，發現接受的融資額已經歸還六成之後，就可以不受契約內容的限制。從孫先生那兒聽到打算收購吉夫·戴維斯的說法，銀行可能認為他無法歸還這筆錢，所以採取高姿態。

事業資金採用由銀行借來的間接籌措是以往日本的常識，但是他卻選擇從證券市場集合資金的直接籌措方式。不過，要籌措資金，需要有代行事務手續的幹事公司，通常由主要銀行負責這項工作。

孫先生請求主要銀行興銀擔任幹事公司，興銀卻固執地拒絕。因此，他和其他的銀行交涉，可是其他銀行說如果主銀行不願意接受，他們也不能夠幫忙。最後只好請求野村證券的相關銀行，總算得到幫助。

他如願所償的得到了吉夫·戴維斯的出版部門。再加上已經收購的吉夫·戴維斯的展示會部門，以及COMDEX的展示會部門，使他終於站上寶座，擁有世界第一的出版部門。最近在美國發表了合併三家公司的計劃，如果實現的話，在電腦業界就會誕生世界唯一，而且最大的多媒體公司。

一天一件的發明持續一年

孫先生基於雄偉自由想法的生活方式，是他十幾歲時到美國留學培養出來的。留學時代的他有很多的故事。

他於著名的九州久留米大附屬高中就讀的夏天，到美國參加研修旅行，他對於開朗的風土感受強烈的魅力。立刻展現行動，翌年二月就到美國去了。

首先專門培養英語能力，在秋天成為舊金山沙拉蒙提高中二年級的學生。因為他可以完全瞭解教科書的內容，因此提出希望能從該校畢業的申請。對於這個無理的請求，學校給他的答覆是，只要通過大學檢定資格，就可以得到高中畢業資格。

而距離這一年的檢定考試只剩下兩週，他向檢定考挑戰。考試當天，他把考試卷擺在桌上，和主考官交涉說道：「如果是用日文出題，我就可以輕易地作答，所以這種作法很不公平。請翻譯成日文。」

他說服了打算拒絕孫先生的主考官，讓他打電話給該州的教育負責人。直接聯絡的結果，允許他帶字典，同時給與兩週的特別考試期間。結果幾週後他就從高中畢業了，這可以說是前所未有的故事。

孫先生自己果敢的行動，以及面對困難狀況時，加以處理的積極性，成為他完成壯舉的最大要因。但是，這如果不是在美國而是在日本，恐怕就辦不到了。

後來，他進入加州大學柏克萊分校就讀。美國大學的教授和學生都非常用功。因此，孫先生只要是在清醒的時候，幾乎都在念書。

這時他對於自己的創業已經抱持著夢想。為了實現夢想，需要資金。可是根本沒有打工時間的他，發現了「更有效的打工」，那就是「發明」。一天只要動五分鐘的頭腦就夠了，而且利用發明的點子，一個月賺上一百萬日幣也不是不可能的事情。這是普通人不可能想到的孫先生的偉大構想。

他把持續了一年的一天一件發明，當成是自己的義務。並且設定鬧鐘為五分鐘，過了限制時間後就會提醒他。雖然有時聽到鬧鐘的聲音會覺得焦躁。他有時候一下子就順利地想出好點子，有時候再怎麼拼命，也沒有辦法想出來。

即使陷入困境，他還是會持續思考。因為名留青史的偉大發明家一定都是絞盡腦汁才想出來的，他想自己也應該要絞盡腦汁才對。而事實上，他想出來的點子，一年內達到兩百五十件。

從眾多的點子中選出能夠製品化的點子，他想到的是附帶聲音裝置的多國語言翻譯機。將想說的內容利用日文輸入，立刻就可以聽到翻譯成英文的聲音，這是高度系統的小型電腦。

請大學教授及研究員等電腦專家組成智囊團，完成了試作品。報酬決定以製品賣出去時的錢來支付。雖然條件並不優渥，但是他們卻主動幫忙，可以證明這個翻譯機的確非常優秀。

利用大學暑假期間，孫先生歸國，當然也帶回了翻譯機的試作品……。而事實上，他事前就已經寫信給大約十家大型企業的董事長。在這段時間內，他也透過律師工會找尋視為本命的專利事務所夏普。

當時擔任夏普事務所專務董事、現任顧問佐佐木正見到他的時候，他聽說事務所的所長是前夏普公司的職員，因此他半強迫地說道：「請打個電話給他，說他應該見我。」最後所長被他的熱情所感動，於是答應為他打電話。

看到試作品的佐佐木，對於作品的優秀非常感興趣，決定以一億日幣購買。而這個翻譯機成為日後佔據夏普製品重要部分的暢銷商品。

擁有這麼好的點子，但是他並不打算走向發明家之路。因為他的發明並不是偶然誕生的，而是藉著各種奇異機能的組合，製造出新的點子。有時還為了浮現太多點子，不知該選擇哪一個才好而傷腦筋。他認為這是一種非常奢侈的做法，因此他不願意發明，還是下定決心，按照最初的希望，成為一位企業家。

如何擴大交易客戶

成功地銷售翻譯機後回到大學的孫先生，將手邊的一億日幣中的一半支付給製作製品的智囊團成員們，而剩下的一半則當成今後的事業基金。其中一部分成為他購買柏克萊遊樂中心大樓的資金。

一位日本的年輕人突然跑來說要買大樓，使得擁有者嚇了一跳，拒絕了他的要求。他想對方可能是不相信自己，因此確定價格之後，第二天帶了現金再次出現在屋主面前，交涉總算成功了。使他在美國的土地上踏出成為企業家的第一步。

他雖然在美國成立合併公司，可是卻一心一意想要在日本獲得成功。因此他決定將公司讓給朋友，回到故鄉佐賀。

八一年九月，在距離故鄉不遠的福岡縣大野市區的綜合大樓的二樓，成立了一家公司。職員只有兩個打工的人，是非常小的公司。但是他充滿慾望，相信一定能夠成為營業額一、兩兆日幣規模的公司。

如果要使用個人電腦，就需要許多優良的軟體。藉著軟體使自己成為數位情報社會的基礎負責者，這就是孫先生的想法。

雖然擁有熱情，可是公司的經營並不順利。成立情報商業的條件，就是必須要擁有適當的環境。而他察覺到這一點，決定到東京去。

這次面臨的是資金問題。不管哪家銀行，都以沒有辦法以軟體這種無形的東西做擔保為理由，而拒絕貸款給他。窮途末路的孫先生腦海中想到的就是，帶著翻譯機試作品時，認真傾聽自己說話的夏普的佐佐木先生。

佐佐木先生親自以自己作保，從第一勸業銀行得到一億日幣的融資，解決了孫先生的危機。關於這件事情，我曾請教過佐佐木先生，他的回答是：「他是能夠洞燭機先的男子，而我看準了這一點，所以在他身上投資。」

經過幾番迂迴曲折，總算起步了。大約過了一個月，在大阪所舉行的電子商品展當中，他投注了使用費八百萬日幣，確保會場特等席的位置，同時也免費地提供這個場所給十幾家軟體公司使用。因為他認為這是在日本打響ＳＯＦＴ　ＢＡＮＫ知名度的絕佳機會。

然而這次的展覽並沒有得到成果，努力似乎化為泡影。可是當時卻奠定了良好的基礎，兩個月之後，大阪的上新電機主動與他聯絡，想要締結契約。

以此為契機，也和當時堪稱日本第一的軟體公司哈德遜簽立了獨佔契約。客戶不斷地擴大，締造一年八億日幣的營業額。而翌年則變成了三十五億日幣的驚人數字。

利用「發明之心」打破僵局

在日本最初朝向個人電腦軟體流通業發展的孫先生，在沒有競爭對手的世界，使得日本SOFT　BANK急速成長。為了擴大流通網，當然也付出了許多努力。例如在創業幾個月內，營業額都沒有提升，陷入苦境。但是他卻不灰心，反而燃燒鬥志，藉著強力的挑戰精神支撐整個公司。

為了製作個人電腦軟體的專門雜誌，因此進駐出版部門時，他也面臨非常殘酷的情況。既存的個人電腦雜誌雖然報導各廠商所銷售的各種機種，但相反的，內容卻十分空泛。

注意到這一點的孫先生，製作廠牌別的專門雜誌。在八二年五月，以夏普及NEC的個人電腦為對象，同時創刊了兩本雜誌。而在一個月後，出版部所出版的五萬本雜誌，有八成都被退回。也就是說各出現一千萬日幣的赤字，這種情況持續了好幾個月。

但是他並不放棄。從數萬張不斷增加的讀者回函中，掌握他們要求的情報，為了配合所有的讀者，因此重新製作雜誌的版面。增加了二～三倍的頁數，但是訂價卻降低了一百元，成為五百八十元。

打廣告也是一大賭注，在存續與廢刊的邊緣，竟然造成了令人難以置信的驚喜結果。從五萬本增刷為十萬本，不到三天就全賣光了，變成非常暢銷的雜誌。

後來出版事業順利成長，三年後成長為九本雜誌，發行的本數一個月內達到六十萬本。

事實上，在這段期間內，孫先生還陷入了更悲慘的狀況中。他的健康方面出現了問題。也就是在經營開始上軌道的八三年春天，因為罹患了嚴重的慢性肝炎而倒下。

在夢想即將實現之時卻因病倒下，的確是沉重的打擊。躺在病床上的他，辭去了社長的職務，由當時的副社長大森康彥擔任社長。

但是當孫先生不在時，公司內有能力的職員卻被其他公司挖角。到了八四年，受到在其他公司重新出發的商品價格資料庫事業失敗的追擊，使他陷入困境。

孫先生當時在病床周圍擺著個人電腦及傳真機等必須品，在病房經營公司。雖然事事不利，但是相反地能夠保持距離來觀察公司，也是一件不錯的事。

他不停地住院、出院，等到痊癒時，已經經過了三年半。但是當時卻負債十億日幣。為了還錢，孫先生再度產生了發明之心。

而前年剛實施通信自由化，他從中找到了新點子的啟示。例如，要利用新加入的電氣通信公司，就必須要輸入四位數的電話號碼。

另外一個問題就是因架設地區的不同，有時電話公司的收費不一，對使用者而言是十分不便，而且不公平的系統。

可以使用以往的電話號碼，而且製造出自動選擇最便宜線路的機械，就是他的發明點子。他調查之後發現，同樣系統的機械已經在美國製造出來了，但是價格非常昂貴。而且為了應付費用以及服務地區的變更，還必須要改寫電腦程式。

完全除去這些缺點，半年後完成了NCCBOX，具有非常優秀的機能。使用者只要播電話，就會自動地從NTT與新電電三家公司中挑選出最便宜的線路，對於費用等的變更，也可以自動改寫。開發出被稱為Host Computer Center的世界最早的系統。

這個便利的系統漸漸普及，孫先生累計得到了二十億日幣的利益，藉此歸還了十億日幣的借款。

與比爾・蓋茲設立GAME BANK

九〇年，孫先生將事業的視野擴大到全世界，將「日本SOFT BANK」的「日本」拿掉，更改公司的名稱為「SOFT BANK」。在創業十週年的九一年時，締造了營業額四百億日幣的記錄，後來業績穩健成長。

九四年七月進行股票的店頭交易，初值為一萬八千九百日幣，創下史上最高值。

同年，對美國的舊金山系統公司的日本法人出資，在處理網際網路周邊機器的企業中，成為世界頂尖的公司。

九五年末，微軟公司推出了Windows95，吸引眾人的目光。Windows95為孫先生帶來了可遇而不可求的機會。

當時在美國，個人電腦已經普及到一般家庭，雖然可以預料到在日本也會非常普及，但是在深受年輕人喜愛的電腦遊戲軟體方面，個人電腦的力量似乎還未被活用。這時登場的Windows95，能夠讓人享受到與以往完全不同的電腦遊戲。

隨著個人電腦的普及，孫先生認為應該也能活化電腦遊戲的世界。他將這件事情告訴微軟公司的比爾・蓋茲董事長，實現了合併公司「GAME BANK」。

比爾・蓋茲是世界知名人物，而孫先生卻把自己的想法和他商量，這種行動的確非常大膽。但是，兩個人卻是在孫先生收購了COMDEX之後，就一直在一起打高爾夫球的朋友。

事實上，我每次為了參加COMDEX的展示會，到拉斯維加斯去的時候，比爾・蓋茲先生一定會來。而在展示會前一天的星期天，兩個人按照慣例都會打一場高爾夫球。

任何大人物都要用正攻法來進攻

在九六年四月時，孫先生曾經拜訪設在好萊塢的魯巴特・馬德克的辦公室。他收購的吉夫・戴維斯的電視臺在美國成立的時候，由當地的董事長來介紹。

新的電視臺每晚七點會播放一小時與電腦有關的新聞節目。該如何利用世界戰略將這種手法更為擴大呢？他認為首先應該要去見世界媒體王馬德克。

頭一次見面時，並沒有做出具體的結論。但是，兩人保證日後要互助合作。在告辭的時候，他說：「如果有機會到日本來，我們一起吃個飯吧！」

第二次的見面比他所想的時間來得更早。一個月之後，接到馬德克的聯絡。「我六月要到日本參加一個宴會，你願不願意致詞演說呢？」孫先生欣然接受。

六月十一日，在召開宴會的前一天晚上，兩人按照事先的約定共進晚餐，在都內高級餐廳「吉兆」再會面。他在席上問道：「你要我明天去演講，明天是什麼樣的宴會呢？」

馬德克回答：「要在那裡發表J SKY B計劃。」J SKY B就是數位衛星傳送計劃——以往利用類比衛星傳送（BS）為主體的日本，總算開始展現數位化的行動。而馬德克也注意到這一點，迅速展現行動。

而當時三菱商事已經和美國大型電氣公司FUSE公司共同進行數位傳送事業，而此次他來到日本的目的之一，就是要參與這項計劃。

「等等。關於數位衛星傳送，我在兩、三年前就相信它一定會在日本實現。但是，需要二千億日幣的費用。而且如果你考慮要和大型企業合作，那麼大型企業在做出決定之前，恐怕需要很多的時間哦！」

孫先生繼續說道：

「如果你所計劃的金額能夠稍微增加一些，而我也出資同樣的金額，就能得到多出一倍以上的力量。」他當場提出出資他資金的一半一千億日幣的建議。

雙方所想的戰略相同，而達成結論就是只要互助合作，就可以形成壓倒性的力量。

在這個月的初期，傳說旺文社多媒體公司要將所擁有的朝日電視臺的股票賣給孫先生，而這個晚上也就這個事件討論，決定互助合作。數日後到了六月二十日時，孫先生和馬德克一起成立合併公司，投入四一七億日幣收購「旺文社多媒體公司」。

即使對方是非凡的大人物，但是絕對不膽怯，採用正攻法的攻擊，立刻清楚傳達自己想法的積極態度，孫先生的做法的確是美國式的手法。我認為可能是在留學時代，許多的經驗鞏固了這位優秀企業家的地位。

和馬德克的會面不到兩個月後的八月十五日時，孫先生又發表消息，說要收購在增加個人電腦記憶容量、提高處理能力的記憶體模組方面，堪稱第一的美國個人電腦周邊零件廠商金士頓科技（Kingston Tech）。

只適用於國內的規定是無用的

JSKYB後來還有新力和富士電視臺加入資本，實現與日本數位傳送服務（Perfect TV）的合併，擴大為「Sky Perfect TV」。

關於這件事情，從計劃階段開始，我就從孫先生那兒聽到了詳情。數位衛星傳送已經開設了「Perfect TV」以及「Direct TV」，都擁有一百個頻道，再加入JSKY B的一百五十個頻道，形成不分軒輊的狀態。所以在兩家公司當中挑選比較容易處理的「Perfect TV」締結盟約，就能為業界的第一名。

觀眾出同樣的錢購買接收機，設置共同天線。那麼你要買只能看到一百個頻道的公司，還是將來可以增加為三、四百個頻道的公司呢?答案不用說也知道。

極端地說，如果要和對方的一百頻道對抗，只要擁有同樣一百頻道的內容就夠了。對於剩下的二百頻道，自己擁有確實能夠傳送的場，就可以提供自由獨特的內容。

馬德克先生在美國對六千五百萬戶觀眾播放福斯頻道、福斯兒童、福斯新聞、福斯運動等節目。而在歐洲開設B SKY B，播放節目給五百五十萬戶觀眾看。以亞洲地區為對象的STAR TV，則有二億戶觀眾收看。

也就是說，能對整個世界傳送電影、運動或新聞等大量的印象。換言之，也能收集世界上優秀的節目。

對於馬德克的作法，很多人批評是一種獨佔的作法。但是姑且不論好壞，孫先生說他是一位會不惜出資來收集獨特事業的人。

馬德克持續六年獨佔英國首相盃足球賽的放映權，因此，甚至在國會中引起大騷動。英國的足球就好像日本的職棒一樣，而首相盃是非常重要的比賽，當然會引起國民的憤怒。

但是，結果卻出乎意料之外。

以往觀眾一週只看三次比賽，現在卻每天都收看。而且連照相機的營業數字都增加了，大家都爭相要為有趣的比賽留下紀念。國民熱衷於足球，直接到場觀賞比賽的球迷不斷增加。結果原本雖然是足球人氣最旺的國家，卻只有幾個比賽場，後來比賽場地卻陸續增設。現在英國成為聚集世界上一流足球好手的國家。

也就是說，馬德克獨佔轉播權，卻對英國經濟發展有重大的貢獻。證明了破壞以往的範疇，反而能朝向更好的方向發展。

例如，政府打算做一些事情的時候，如果對國家造成一些影響時，就無法進行。不論是經濟部或財政部，制定了許多只有在國內通用的規則。可是個人電腦在世界上銷售，而衛星播放也是在整個世界中傳送。

一定要多吸收外國的優秀技術及想法，而且也要將國內優良的東西拓展到世界各地。再將各部分開放，這樣對於國家而言才是好的做法。而孫先生就具有這樣的想法。他認為只有加強國與國之間的交流，才能促進整個世界的自然潮流。

立刻決定加入對雅虎的投資

身為數位情報革命的負責者，經常展現行動的孫先生，在遇到馬德克先生之前的九五年末，曾經見到以網路搜索為事業的「雅虎」創立者楊致遠先生等人。聽到他們的想法，孫先生立刻就直覺地認為他們的夢想有實現的可能性。

因此當場決定投資。而這個事實也訴說了他對雅虎非常關注。

能夠洞悉可能性，而且具有迅速的判斷力，這就是他的作風。但是，如果是日本的大型企業，就如孫先生對馬德克所說的一樣，在付出決斷之前一定會花費許多時間。

現場的負責者必須要向直屬的課長、部長以及幹部、社長等提出說明，因此必須要有邁向長遠道路的覺悟。與大部分的這種企業相比，能夠立刻做出決定，這也是孫先生成為企業家的重要因素。

到了第二年的一月，很快決定利用共同出資的方式，成立雅虎的日本法人。後來他將與數位情報產業相關的優良企業陸續納入旗下。不論是電子錢的公司或是多媒體公司都是很好的例子。直接或是通過投機資本持續許多的投資，其數目達到七十家以上。

現在SOFT BANK擁有世界第一位、四位、九位、十二位的網頁。透過這些網頁，就能夠處理電子商務交易或是情報服務、多媒體等各種的商品。

最近孫先生利用網際網路，開始銷售「金融商品」，希望加入證券業，因此在去年六月成立「E交易．日本」，這是和美國的E交易公司合併的事業。透過電子媒體從事商業行為的證券交易世界當中，堪稱草創者的TRADE公司，當然在美國是擁有極大佔有率的頂尖企業。

在此也顯示出孫先生的前瞻性。九八年十二月，證券業從以往的執照制變為登錄制，銀行也可以進行證券交易，而孫先生配合這個時期展開了新的事業。

他相信交易手續費將會自由化，因此，在戰略上想要藉著便宜的手續費吸引個人投資家。能夠確實掌握今後不斷進行的金融風暴的孫先生的手法，應該能夠使網際網路與商業的結合更深入發展。

不斷挑戰

提到孫先生，大家經常注意到的就是以美國為主，以國際的規模反覆進行的M&A及合作行為。但是，在此我想要介紹他隱藏在背後，不為人知的一面。

九六年七月，為了對於創業家給予包括資金面的各種支援，因而揚起「Venture Partners」的旗幟。包括中山隼雄社長、帕索納集團的南部靖之代表和孫先生都是發起人之一。

根據孫先生說，關鍵就是由中山先生所提出的。「我想我們應該要對社會大眾有所貢獻。如果能夠對於今後想要創立事業的人有點幫助，不是很好的事嗎？」聽到他熱心訴說的這一番話，孫先生和南部先生也深有同感，立刻贊成。

在三人的呼籲之下，浮川和宣社長以及大島康廣社長等活躍的企業家都贊成。Venture Partners的成員共有十五人。而顧問則是由CSK的大川功會長以及ORYX的宮內義彥社長聯名。

Venture Partners設定了某種目標，其根源就在於孫先生的發言：「輕鬆的思考無法長久持續下去，一定要設定目標前進。」而這個目標就是在十內年要實現二十家的股票上市。

在距離阪神、淡路大地震一年半之後，聚集了Venture Partners的成員，召開重建神戶的會議。

在席上，孫先生面對四百位出席者說道：

「創業家應該擁有強烈的夢想，不過面對實現夢想遇到的問題，一定要加以解決，我想這才是最重要的。」

簡短的話語當中，濃縮了他的熱情。相信有這種感覺的人不只我一個吧！

從個人電腦的軟體銷售、出版開始出發，發展為綜合多媒體事業的孫先生，敏銳的判斷力與迅速的行動力締造了驚人的成功。

而他自己也感覺到這一點。例如，和馬德克先生打算收購朝日電視臺這件事情，就好像是帶著黑船前來的非國民表現一樣。但是，孫先生心中所想的不是這些次元的問題，而是想要創造出現在世間沒有的東西，充滿著偉大夢想與浪漫。而現在他的夢想不再是以往的虛擬實境，而是新數位世界的情報提供。

創立SOFT BANK時，很多人都會對訴說夢想的他說：「越聽你的話，越覺得你不成熟。」但是他還是會持續追逐夢想，直到死為止。

「今後還要不斷地挑戰。就算遇到危險，可是還是想親眼看到結果。追逐夢想、追求戲劇化演出的人生，才是真正的人生。」看到他訴說這番話語時的樣子，讓我深深地感受到他真的持續不斷地努力。

第7章

自己覺得正確的事情，才是值得投注的事業

南部靖之
帕索納集團代表

商業的原點在於真心

提到南部靖之，大家首先想到的就是在阪神、淡路大地震時，他所展現的迅速正確的行動。目睹出生故鄉神戶瓦解的慘狀時，他立刻以帕索納的大阪分社為據點，著手進行災民工作支援服務。

後來為了擴大雇用場而持續努力。賑災後過了四年，現在依然持續重建神戶的工作。南部先生擁有比其他人更強烈的使命感。

他在出差的義大利，聽到了有關震災的消息。夢想成為世界第一的人材派遣公司，因此舉家遷到美國康乃迪克州的格林威治市南部先生的商場，已經是具有世界性的規模。

不計較損益得失，對商業付出真心，以此來做為賭注的南部先生，在美國也是頗受注目的一人。一九九七年四月，美國雜誌『TIME』進行日本特輯報導，刊載最令人驚奇的十一位日本人。當時，獲選為經濟人的就是南部先生。

九八年一月出版的美國雜誌中，甚至大膽地發言「財政部長應該改由南部靖之先生出任」。

在進行與社會利益有關的生意時，經常會遇到政府限制的障礙。但是在社會上，還是有許多人會被他的行動力感動。

對重建故鄉神戶抱持強烈的使命感

知道阪神、淡路大地震的消息，是在出差義大利米蘭的時候。趕緊搭機回國的南部先生，親眼目睹到從小生長的神戶街道全毀的慘狀，茫然地不發一語。當時他就決定要將自己所有的能量，完全傾注在重建上。

心想一定要做些什麼才行的他，立刻進行災民工作支援服務。「公司的大樓毀壞，沒有辦法工作，因此在重建之前可不可以在你這裡工作？」「在神戶的辦公室遷到大阪，但是打來的電話太多，造成人手不足」等，像這類諮商的電話，不斷地打到大阪分公司來。

他這段期間內到神戶去，發現還是一片混亂的狀態。在這種狀況當中，南部先生配合眾人想要儘早回到工作崗位的希望，因此將五千名災民組成派遣人員，提供他們服務的機會。

洛杉磯大地震的經驗在腦海中閃過。當時一方面因為支援因災害而出現的失業者，另一方面又可以確保重建人手的人材派遣公司非常活躍。而帕索納的當地法人也可以幫得上忙。所以，他認為這些經驗可以運用在神戶上。

但是，日本和可以允許民營職業介紹市場中心的美國不同，日本的人材派遣業，只允許打字、秘書以及接線生等十六種行業。因賑災而失去工作的災民的職業，大多是推銷員、店員、駕駛等各有不同。如果使用帕索納的情報網路，應該能夠迅速地應對。

考慮在緊急時希望擴展能夠迅速處理的職業範圍，因此南部先生提出陳情，但是日本勞動省根本就不予理會，他們認為民營企業沒有辦法採取適當的處置方法。在遇到國民的緊急事態時，政府居然採取如此態度，實在令人感到憤怒。

負責人材派遣業管轄的勞動省，以往也曾有和南部先生對立的情況發生，因此南部先生心想這件事情只有自己來做了，因此決定創造雇用機會。

「神戶港區」構想的獨特

只雇用少數人，就如同杯水車薪一樣，因此需要能夠支援許多雇用的廣大構想。考慮到這一點的南部先生，注意到在賑災以前因為經濟不景氣而撤退的西武百貨公司舊址。

但是，如果與西武百貨公司一樣，以百貨公司的名義來雇用，就必須要增加雇用場，同時也要重新建立一個能讓神戶人感到喜悅、完成神戶夢想、具有活力的街道。

率先對「神戶港區構想」傾注熱情的南部說：「如果你要做的話，我願意支持你。」而表示贊成的親友就是SOFT BANK的董事長孫正義先生。還有HIS的澤田秀雄董事長等人也贊同。

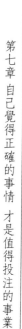

南部先生深受大企業的倚賴，而實際出資的也就是這些董事長。

到底應該建造什麼東西呢？他認真的考慮。雖然是經營以往沒有經驗的百貨公司，可是希望能夠脫離以往的形態，擁有新的構想。

不希望成為單純銷售商品的賣場，希望這些遭遇沉痛打擊的人能夠得到快樂，因此心想，要讓失去玩具的孩子打從心底喜歡在這裡遊玩。而提供歡笑的「吉本興業」，也為孩子提供了許多「玩具」。

以遇到地震、瀕臨窮困的自營業者為主要的對象，想出了一個獨特的構想。

其中之一就是「一坪店舖」。也就是建立市區店舖的店主們，能夠擁有便宜賣場的系統。四坪大的專櫃，每坪的租金一個月為九千九百日幣，而且不需要保證金和押金，對於租借的人而言，的確是很好的條件。所以對於三十二家店舖的名額，有非常多的應徵者不斷地湧入。

另外一個就是「花車店舖」。在通道擺花車來銷售物品的形式，使用費一個月只要兩萬日幣，設定為低價格，準備了二十家店舖的份量。

一坪店舖或是花車店舖的實施，對於神戶人而言，的確非常禮遇。

因為經營店舖獲得成功的店主，希望有一天能建立新的店舖，希望街道能夠再次活性化、再次復活。南部先生也打從心底希望這個理想能夠實現。

而在神戶港區，也投注希望成為繁華街道神戶的企劃，提供消費者便宜的世界名牌物品。

例如，在百貨公司裡一套賣十五萬日幣的名牌亞曼尼西裝，在這裡只需要九萬八千日幣。還有名牌化妝品等，也以便宜三成到五成的價格銷售。

這些名牌商品的低價格販賣，的確是他以獨特的批發方式批來的。關於這一點，稍後再附帶說明。

總之，雇用數高達一千五百人，為西武百貨公司時代一倍以上的人數。

大型複合商業設施「神戶港區」開張之後，在震災的第二年——一九六年四月時，形成了地上五層、地下兩層建築，佔地面積達三萬六千平方公尺的建築物當中，除了以往百貨公司可以看到的賣場之外，還有個人電腦店舖、吉本興業演出的新型劇場，多樣化的百貨公司總算誕生了。

而和神戶港區構想並行的設施「Incubation Center」，則是以支援培養投機企業，對於重建神戶有所貢獻的目的而創立的。

經營政策在於「解決社會的問題點」

以雇用創造為首要條件，希望重建神戶的南部先生的行動，在開張經過一年之後，經營狀態非常順利。遠離了虧損，超過當初預估的一三五億日幣的營業額，達到一五〇～一六〇億日幣。

親手負責重建工作、具有強烈使命感的南部先生，在「神戶港區」開張之後，將原本在東京的總公司機能移到神戶。

「二〇〇一年一月一日之前，打算停留在神戶。將全力集中在神戶。」從他強而有力的這句話中，相信就可以瞭解到他的覺悟之心。

到了翌年九七年二月，南部先生為了繼續創造雇用的機會，因此發表了命名為「發光２００１」的神戶復興計劃。希望到二〇〇一年為止的五年內，推出五個計劃，實現雇用五萬人的理想。

這五個計劃中的任何一個，都訴說著他的夢想。

①建造擁有一萬個座位的水上餐廳。

②建立能夠以多目的方式運用設備的海上巨蛋棒球場。

③為了欣賞神戶夜景，要建造能夠吸引世界各地的人，具有魅力的電飾豪華客船。

④興建文化、藝術劇院，建立藝術網路。

⑤建立雇用情報連鎖店。這也可是說是民營與公營的情報連鎖店決定性的差距，就在於營業員從事求人、求職兩種工作。

這些重建計劃順利地進展，發表兩個月後，利用網際網路的民營情報連鎖店「帕索尼特」創立了。

後來水上餐廳為兒童所進行的「神戶音樂劇團」公演等計劃，也陸續實現了。

把利益置之度外，首重整建神戶的南部先生，他投入的資金包括個人資產在內，超過了一百億日幣。遠離損益得失，將焦點傾注在世界上，認為只有對社會有所貢獻，才能使日本人留在國際社會當中。因此，他認為經營的政策是「解決社會的問題點」。這句話也表現出了南部先生的人性。

曾在寺廟生活的他具有強烈的正義感

南部先生的經營策略是「解決社會的問題點」。這是他從小學六年級到大學時代為止，持續在寺廟過生活而培養出來的信念。提到居住在寺院，並不是他具有什麼特殊的信仰，而是他是家中三兄弟中最小的孩子，因此曾出家當和尚。父親建議他要學習對別人溫柔，因此讓他在自宅附近的通照院開設的私塾念書。

私塾的名稱通稱YBS，和一般的補習班是不同的。

與年僅十五、六歲的青年住持的相遇，對於南部的少年時期而言，的確造成極大的影響。一起玩、一起用功，有時傾注熱情，不拘泥於金錢或地位，訴說佛教教義的住持，令他十分佩服。

在寺廟生活成了他生命中的意義，很自然地在寺廟住宿的次數就增加了。夏天五點、冬天六點就要起床，打掃、抄經之後，喝完粥就要到學校去上學。當朋友們過著應付考試的生活時，他的生活則好像在完全不同的世界一樣。他說他以前從來沒有看過大家非常熱衷的電視。

「因為住持進行的情操教育，我真的學會了很多的東西。」南部先生做了以上的述懷。他的經營策略原點，應該就是來自在通照院的體驗吧！

後來創立人材派遣公司時，住持曾說過的一句話，對他有深遠的影響。住持舉起一根自己的手指，對他說道：「這根手指，是你花一億日幣也買不到的。不可以被金錢所惑，不要執著、不要執著。」同時還告訴他，在從事事業的時候，要經常看清楚什麼才是最重要的。

例如，公司賺越多錢越好、要在歷史上成為著名企業等的普遍觀念。不要被這些環境所影響，要用自己的眼睛來看清事物的本質。

在你在意是否會賺錢之前，要以解決社會問題點來當成第一要件。南部先生一直持續有這樣的想法。

想要幫助社會上有困難的人，解決社會問題點的正義感非常強烈。當然這也受到住持言語的影響。而且在他後來的商業人生中，也一直堅持著這項原則。

因為找工作而得到人材派遣業的啟示

南部會成立人材派遣公司，是因為他在大學畢業之前，也就是七六年二月時，他想早點開始事業，但最初不知道該做些什麼事情。

當時在關西大學工學部就讀的他，起初和普通學生一樣想要從事普通的職業，而開始找工作。但是，面臨了第一次石油危機，沒有任何職場能夠讓他發揮應用化學的專長，因此他只好徘徊在流通業與商社之間。

求職戰線的狀況十分殘酷，不管到哪些公司拜訪，每家公司都說：「現在沒有適合你的工作」來拒絕他。可以說是不需要應用化學技術者的時代。

在他找工作的歷程中，某家公司的做法深深地擄獲了他的心。

「現在學生寄來的履歷表非常多，這個時期非常忙碌。」當對方想要以這個理由來趕走他的時候，他說：

「那你雇用我不就好了嗎？」

這時對方回答他：

「要雇用一名職員，需要花費以億為單位的金錢。忙倒還在其次，如果雇用你，一輩子照顧你就麻煩了。」

「那麼你可以在忙碌的時候雇用我啊！」對這個問題，對方的回答是：「可以。」

企業有忙於預算與雇用人材的時期，但是相反地，也有非常空閒的時期。經由這次的體驗，他知道這個事實。而在當時公司雇用人是採用終身雇用制。

在這段訪談當中，他得到了極大的啟示。為了證明自己的想法是對的，他又持續造訪公司。這一次不是為了以就職為目的，而是做市場調查。詢問對方：「你願意利用在工作忙碌的時候，可以提供人材的系統嗎？」

結果，他確信人材派遣一定能獲得成功。事實上，他已經得到大阪機械出口公司的打工工作，但是他認為自己不適合，因此辭退了這一項邀請。

決定創業的背景，還有一個重要的體驗要素存在。他在進入大學就讀後不久，為了打工，曾在千里新城開設了一家以兒童為對象的補習班。補習班與對自己有極大影響的YBS同名，稱為「大阪YBS」。

自己成為經營者，延聘高中和大學的朋友擔任講師，以十四、五位學生開始的補習班深獲好評，一年後的學生人數超過二百人。不是以考試為目的，而是利用在通照院的體驗，以情操教育為主的補習班，深深擄獲了學生們的心。

他的人品也深深地掌握住這些孩子的年輕母親的心，因為他會側耳傾聽她們的話。其中有很多高學歷的人，有些是在婚前擁有語文或是打字、秘書等專門技術的人。

而這些育兒工作到一段落的女性，雖然不能成為正式職員，但是，知道她們希望能夠有一天只花幾小時工作的機會。

一方面有在決定的期限內尋求人材的企業，另外一方面也有想要發揮所長而就業的母親，將兩者聯想在一起時，南部的腦海中清楚浮現的就是人材派遣商業的構圖。

利用開補習班得到的資金，還有從父親那兒借來的錢，以及朋友的援助，合計資金為三百六十萬日幣，於是設立了帕索納的前身臨時中心。就從在大阪梅田附近的南森町租借的大樓中，約三十平方公尺的一間辦公室為出發點。

創立人除了南部之外，還有打工的兩位女性。此外，請父親南部榮三郎擔任董事長。而其中一位女性就是後來成為南部夫人的浩子。

他開始經營事業時，辭去原有公司的工作前來參加的朋友，以及並沒有找工作而來到這裡的晚輩等，夥伴陸續加入。當時的人員現在全部都成為帕索納的幹部。

南部說：「他們真的很吵，但是關係很好。」同時附帶說明：「帕索納發展的最大要因，就是不會隨波逐流，而且遇到了好夥伴。」從這番話語中，就可以表現出他敦厚的人品。

事業起步之後，在畢業的同時，把經營的補習班免費轉讓給晚輩。因為補習班深獲好評，因此，有人建議他多開幾家補習班，變成連鎖店。但是他的目的不是為了賺錢，而是因為喜歡小孩的動機才開始的，所以他不想這麼做。

反而是希望能著手在生意上，以整個世界為對象。

開始派遣團隊的募集，十分順利。有很多補習班學生的母親們都加入了。

但是，雖然他為了營業來回奔走，而企業的人事負責者卻很難瞭解他的做法。因為在當時那個時代，甚至沒有聽過人材派遣這樣的名稱。

但是，天生性格樂觀的他，即使被企業拒絕，也不以為苦，因為他認為只要能締結契約，什麼都值得了。

第一個做成生意的對象，就是大阪的阪急百貨公司。他每天都會到人事課去，終於取得了第一份契約。而職種則是在年終時要雇用日文打字員。成立的十五年內，完全不引起極大的迴響，以口碑相傳的方式不斷地擴展評價。成立的十五年內，完全不需要宣傳。

南部分析這種工作需求的背景，是因為女性高學歷化、物價上升等，使主婦必須要出外工作的社會情勢，再加上電腦化出乎意料之外的迅速，公司內人材教育已經不敷所需的企業，必須要暫時花錢向公司外尋求具有專門能力的人材。

他認為這只不過是必然的結果。事實上，他最初的出發是因為找工作而瞭解的「社會的問題點」，結果這個生意的確掌握了社會情勢。

但是，實際上他後來持續構想力的正確選擇，卻讓他踏出了通往商業界的第一步。

對新商業的挑戰起因於「感覺迷惘就去做」

成為在世界上屈指可數的人材派遣公司，順利成長，正確地掌握了社會情勢。在九三年，他將公司名稱更改為「帕索納」。

南部先生找出「社會的問題點」，著手於新事業。他的信條就是「感覺迷惘就去做」。而且，一邊行動、一邊思考是他的拿手絕活。利用決斷力與行動力挑戰的新商業超過了五十種。

以女性為對象的人材派遣商業不斷地發展，同時在八〇年時也成立了派遣中高年齡層男性專業人員的公司，也就是後來的「帕索納年長者」。

雕刻的租界業、蘭花的進口，在香港發行報紙等等，持續向各種不同的領域進行挑戰。

九二年成立新「Designers Collathiona」公司，代理香奈兒以及亞曼尼等世界名牌，同時以比市價便宜的三～五成的價格販賣。

為什麼名牌貨能夠賣得這麼便宜呢?就是因為對於以往的流通構造感到懷疑的他，總算實現了這個理想。「如果不付出昂貴的金額，就不能買到東西，對於消費者而言，這不就正是一個問題點嗎?」他從這個觀點來考慮。

於是採用了平行進口的系統。雖然說處理的名牌貨與已經進口銷售的商品完全相同，但是批貨的方法不同。也就是說，平常是由海外廠商直接批貨進來，而他現在是採取先在海外批貨再進口的方法。

現在有不少人使用這種方法。他認為可以用在巴黎和紐約販賣的相同價格，來販賣一流品牌的商品。平常就對國內外價格差感到懷疑的南部，採用平行進口的方法，向價格破壞挑戰。

他自己也說過，在遇到新商業的構想時，要迅速地去做。九六年夏天，我在某個節目中曾和南部先生對談。當時我問他：「為什麼女大學生就職困難呢?」

他說：「學生時代就待在與商業無緣的學部打混的女學生就有問題。」

而我又問他：「那麼該如何解決這些問題呢?」

到了秋天，他好像要回答我這個問題似的展現了行動。因為他創立了讓女大學生實際進入企業中研修的商業實習制度。

快速展現行動，但是如果發現估計錯誤，也會迅速從該事業撤退。工作進展時，若覺得朝不同的方向發展，或者是嘗試之後發現對公司沒有幫助的時候，就會立刻做出撤退的決定。

現在停止可能會浪費掉投資的金額，但是他卻一直遵守通照院住持對他說的：「不可以執著於金錢」的教誨。

面對限制挑戰產生好的構思

南部先生所考慮到的商業，通常都沒有辦法納入行政的範疇內。每當感覺奇怪的時候，他就會正面與行政單位發生衝突。

維持一貫的「解決社會問題點」態度的他，認為自己是為了世人著想才這麼做，因此深感自負。所以他絕對不會對行政單位逢迎巴結。

當所有人都感覺很奇怪的時候，就應該同心協力。如果能夠心意互通，即使行政單位的人說ＮＯ，但是他們總有一天會答應的。

為了救援神戶的震災，需要擴大人材派遣業職種的範圍，而造訪管轄的勞動省時，曾經被對方以「民間沒什麼權利說話」為由，而被屏棄在門外。

試著平行進口海外名牌的時候，這種史無前例的做法，也無可避免地與行政單位發生了衝突。

成為雇用調整對象的中間管理職派遣到中小企業的事業，是在九三年開始的。而當時勞動省則以雇用責任曖昧為理由加以阻攔，沒有辦法按照原定計劃進行，因此轉換想法，接受大企業的委託，讓中小企業進行委託的工作。

後來政府慢慢朝向放寬限制的方向前進，現在勞動省本身都提倡雇用的流動化，這就證明了南部先生在這一方面的確具有遠見。

南部先生說：「要向新的商業挑戰，就必須要向各種限制挑戰。」而他向社會表達的方式，就是透過媒體向眾人表達。到目前為止，他已經寫了七本有關投機商業論的書。

藉著帕索納宣傳部門的活動，帕索納和他自己的報導時常在電視、雜誌上出現。

有時看到這些報導之後，勞動省會趕緊把他叫去，但是他根本不屑一顧，反而說如果有事找我，可以到我這邊來。

那時日本面臨不景氣的狀況。神戶復興計劃施行到某種程度時，南部提議「建立雇用基礎」，而自己將一九九八年訂為「雇用風暴元年」，並展開活動。

關於人材派遣方面，重新設置「金融派遣事業部」，聚集金融專家，開始對於銀行或證券、保險等金融機構從事仲介工作。

相反的，對於出身於金融機構、具有專門知識、有幹部經驗的人，也進行將他們送入投機企業的「參謀派遣」工作。

最近，營利事業計算等業務委託給外部會計師來做的例子非常普遍，所以南部也開始處理企業福利問題方面的工作。

雖然會遇到限制的障礙，但是他卻勇敢地挑戰，產生新的構想。這種實現創造雇用機會的挑戰精神，我不得不佩服。

使日本成為能夠敗部復活的社會

南部居住在美國康乃迪克州的格林威治市，還有紐約的貝德城。八八年舉家從東京青山的公寓搬到美國去。是一棟建地八千坪、房間數目二十間，還有二十公尺的游泳池的豪華住宅。但是價格卻比青山二十九坪公寓的價格便宜。

他說到了美國去之後才知道日本的貧窮。

帕索納集團的營業額超過一千億日幣，除了本業人材派遣之外，在各範圍都展開了新的商業行動，而他有一陣子也想要發現新的視點。而且在投資事業的本家美國，發現到有這種機會。

最重要的就是他實現了成立世界第一人材派遣公司的夢想，因此，他必須要以世界商業中心紐約當成活動的據點。

有過幾次遇到限制障礙的經驗，因此成為他決定要去美國的原因。他說日本是對於創業家非常冷淡的國家，而且指出日本是不可能敗部復活的社會。

往返日本與美國之間，一年中有一半的時間待在日本，剩下一半的時間則在美國渡過，這種生活持續了六年。發生阪神、淡路大地震之前都是如此。而現在南部先生到二〇〇一年一月一日之前，都打算待在神戶。

在美國的生活中，南部察覺到很多的事情，也學會很多的事情。首先就是在日常生活中體驗到了美國的豐富。待在日本的時候，一個月可能只有一、兩次全家共進晚餐的機會，但是現在每天都可以辦到這一點。

當然，和孩子共處的時間也增多了。在日本從來沒想過的學校運動會或是ＰＴＡ等集會，他也會參加。

走在街上的人的態度都很優閒。道路是以行人為優先，這種想法不會造成不便，因此根本看不到天橋。一切都讓人感到非常優閒，這才是真正的豐富。他清楚地察覺到，日本人對於生活的豐富有了錯誤的認知。

如果沒有這些體驗，他說自己沒有辦法成為一位熱心的義工。

住在美國的時候，當然也擴展自己商業的範圍。平行進口名牌貨的關鍵，就是基於在當地的體驗。在日本旅行者充斥的紐約街道上，可以看到很多的女性聚集在名牌店內。因為可以買到比日本更便宜的名牌貨。

從業者那兒得知在美國商品便宜的理由之後，南部先生立刻飛到義大利，和廠商交涉。成功地利用帕索納的美國法人獲得了銷售權。省略了流通經路，因此消除了名牌貨的國內外價格差。

居住在美國的他想對當地有所貢獻，因此在紐約創立了南部財團。以美國各地的大學生和研究生為對象，把他們送入日本企業，建立了進行研修的制度，藉此得到了實績。擔任賓州州立坦普爾大學的日本分校，日本坦普爾大學（ＴＵＪ）的理事長。

由於彼得‧里亞科斯學長熱心地希望建立一個培養世界市民的教育環境，因此他也決定自己要培養對國際有所貢獻的人才，因此接受了這份工作。

美國大學並沒有納入教育部的管轄之下，所以營運方法沒有任何限制，非常自由。除了八王子的本校之外，在帕索納內設立分校，而且還開闢了社會人講座等，所以就算在日本也可以得到美國大學的畢業資格。

自己也會擔任講師，站在講臺上的南部先生，接受理事長的工作，想在大學環境進行教育改革，在這方面又產生了新的夢想。

不讓夢想只是夢想而已

JIC是南部先生在八五年於帕索納集團內設置的公司。發掘投機創業家，並援助資金培養他們，是公司的主要目的。

JIC從構想階段開始，就可以進行資金經營技巧等的諮商，同時提供辦公室或業務所需的機器，可以仔細地進行應對。

而他自己擔任講師，想要將成功的技巧傳給後人。兩個月舉辦一次創業講座，而參加的人似乎都能感受到他的心意，認真傾聽他的授課。

第六章談及過的創業家支援組織「Venture Partners」，在九六年七月創立了。這並不是以公司組織，而是以任意團體為主發點，事務局設立在帕索納內。

有很多來自創業家的申請，而送來的商業計劃，則由Partners的成員們檢討，認為有價值的就決定支援。

而這些成功的投機創業家，本身不光是給予資金，同時還進行經營指導，這是以往在日本史無前例的獨特做法。成為對於新商業展現慾望的人強力的同志。

「商業是從夢想開始的，遇到各種的現實狀況時，可能夢想會被打消。但是只要秉持熱情與信念，實現夢想就夠了。」這是南部先生的說法。而在竹村會的對談席上，具體地表現了他這一方面的想法。

「不論是誰都有夢想與志願。但是不要讓夢想只是夢想而已。能夠使夢想達成的方法，只要看神戶港區的實現就可以瞭解了。例如，想爬上二樓卻沒有上樓的方法時，如果沒有目的，可能就會直接放棄了。但是，假如上了二樓就可以吃到好吃的餅，那麼就會想要拿個梯子爬上去。也就是說，讓目標明確化，是非常重要的一點。」

南部先生能實現許多構想，就是因為在他內心深處的精神力。

九九年初播放的電視節目，對於主持人提出的「如果你是總理大臣，首先想做的事情是什麼？」這個問題，南部先生的回答是這樣的：

「我想要從事人材開國工作。在文化、藝術或運動各方面延攬世界上的優秀人材。到時候想到日本來做生意的人就會增加。藉著人材開國，使日本成為有活力的國家。」

他的這段發言，相信引起許多人的共鳴。

〈作者略歷〉

竹村健一

1930年出生於日本大阪府。畢業於京都大學英文系，到耶魯大學留學，後來又到西拉糾斯大學以及索邦努大學研究所留學。回國之後擔任「英文每日」記者、山陽特殊鋼調查部長、追手門學院大學副教授。現在爲評論家。

主要著書包括『馬可爾翰的世界』『5位猛烈美國人』『擁有自己的公司』『深得我心的大人物』『瞭解智慧金融術』『自己的人生最棒』『不瞭解多媒體無法訴說明日』『創造聰明頭腦的方法』『不瞭解「金融」明日會造成大損失』『應該瞭解的世界動向』等多數。

生活廣場系列

① 366 天誕生星
馬克・失崎治信／著　定價 280 元

② 366 天誕生花與誕生石
約翰路易・松岡／著　定價 280 元

③科學命相
淺野八郎／著　定價 220 元

④已知的他界科學
天外伺朗／著　定價 220 元

⑤開拓未來的他界科學
天外伺朗／著　定價 220 元

⑥世紀末變態心理犯罪檔案
冬門稔貳／著　定價 240 元

⑦ 366 天開運年鑑
林廷宇／編著　定價 230 元

⑧色彩學與你
野村順一／著　定價 230 元

⑨科學手相
淺野八郎／著　定價 230 元

⑩你也能成為戀愛高手
柯富陽／編著　定價 220 元

⑪血型與 12 星座
許淑瑛／編著　定價 230 元

品冠文化出版社　郵政劃撥帳號：
19346241

●主婦の友社授權中文全球版

女醫師系列

①子宮內膜症
國府田清子／著　定價 200 元

②子宮肌瘤
黑島淳子／著　定價 200 元

③上班女性的壓力症候群
池下育子／著　定價 200 元

④漏尿、尿失禁
中田真木／著　定價 200 元

⑤高齡生產
大鷹美子／著　定價 200 元

⑥子宮癌
上坊敏子／著　定價 200 元

⑦避孕
早乙女智子／著　定價 200 元

⑧不孕症
中村はるね／著　定價 200 元

⑨生理痛與生理不順
堀口雅子／著　定價 200 元

⑩更年期
野末悅子／著　定價 200 元

品冠文化出版社　郵政劃撥帳號：19346241

大展出版社有限公司
品冠文化出版社

圖書目錄

地址：台北市北投區(石牌)
致遠一路二段 12 巷 1 號
郵撥：0166955～1
電話：(02)28236031
28236033
傳真：(02)28272069

・法律專欄連載・電腦編號 58

台大法學院 法律學系／策劃
法律服務社／編著

1.	別讓您的權利睡著了 1	200 元
2.	別讓您的權利睡著了 2	200 元

・武 術 特 輯・電腦編號 10

1.	陳式太極拳入門	馮志強編著	180 元
2.	武式太極拳	郝少如編著	150 元
3.	練功十八法入門	蕭京凌編著	120 元
4.	教門長拳	蕭京凌編著	150 元
5.	跆拳道	蕭京凌編譯	180 元
6.	正傳合氣道	程曉鈴譯	200 元
7.	圖解雙節棍	陳銘遠著	150 元
8.	格鬥空手道	鄭旭旭編著	200 元
9.	實用跆拳道	陳國榮編著	200 元
10.	武術初學指南	李文英、解守德編著	250 元
11.	泰國拳	陳國榮著	180 元
12.	中國式摔跤	黃 斌編著	180 元
13.	太極劍入門	李德印編著	180 元
14.	太極拳運動	運動司編	250 元
15.	太極拳譜	清・王宗岳等著	280 元
16.	散手初學	冷 峰編著	200 元
17.	南拳	朱瑞琪編著	180 元
18.	吳式太極劍	王培生著	200 元
19.	太極拳健身和技擊	王培生著	250 元
20.	秘傳武當八卦掌	狄兆龍著	250 元
21.	太極拳論譚	沈 壽著	250 元
22.	陳式太極拳技擊法	馬 虹著	250 元
23.	二十四式／三十二式 太極 拳／劍	闞桂香著	180 元
24.	楊式秘傳 129 式太極長拳	張楚全著	280 元
25.	楊式太極拳架詳解	林炳堯著	280 元

26.	華佗五禽劍	劉時榮著	180 元
27.	太極拳基礎講座:基本功與簡化 24 式	李德印著	250 元
28.	武式太極拳精華	薛乃印著	200 元
29.	陳式太極拳拳理闡微	馬　虹著	350 元
30.	陳式太極拳體用全書	馬　虹著	400 元
31.	張三豐太極拳	陳占奎著	200 元
32.	中國太極推手	張　山主編	300 元
33.	48 式太極拳入門	門惠豐編著	220 元

·原地太極拳系列· 電腦編號 11

1.	原地綜合太極拳 24 式	胡啓賢創編	220 元
2.	原地活步太極拳 42 式	胡啓賢創編	200 元
3.	原地簡化太極拳 24 式	胡啓賢創編	200 元
4.	原地太極拳 12 式	胡啓賢創編	200 元

·道 學 文 化· 電腦編號 12

1.	道在養生：道教長壽術	郝　勤等著	250 元
2.	龍虎丹道：道教內丹術	郝　勤著	300 元
3.	天上人間：道教神仙譜系	黃德海著	250 元
4.	步罡踏斗：道教祭禮儀典	張澤洪著	250 元
5.	道醫窺秘：道教醫學康復術	王慶餘等著	250 元
6.	勸善成仙：道教生命倫理	李　剛著	250 元
7.	洞天福地：道教宮觀勝境	沙銘壽著	250 元
8.	青詞碧簫：道教文學藝術	楊光文等著	250 元
9.	沈博絕麗：道教格言精粹	朱耕發等著	250 元

·秘傳占卜系列· 電腦編號 14

1.	手相術	淺野八郎著	180 元
2.	人相術	淺野八郎著	180 元
3.	西洋占星術	淺野八郎著	180 元
4.	中國神奇占卜	淺野八郎著	150 元
5.	夢判斷	淺野八郎著	150 元
6.	前世、來世占卜	淺野八郎著	150 元
7.	法國式血型學	淺野八郎著	150 元
8.	靈感、符咒學	淺野八郎著	150 元
9.	紙牌占卜學	淺野八郎著	150 元
10.	ESP 超能力占卜	淺野八郎著	150 元
11.	猶太數的秘術	淺野八郎著	150 元
12.	新心理測驗	淺野八郎著	160 元
13.	塔羅牌預言秘法	淺野八郎著	200 元

・趣味心理講座・電腦編號 15

1.	性格測驗　探索男與女	淺野八郎著	140 元
2.	性格測驗　透視人心奧秘	淺野八郎著	140 元
3.	性格測驗　發現陌生的自己	淺野八郎著	140 元
4.	性格測驗　發現你的真面目	淺野八郎著	140 元
5.	性格測驗　讓你們吃驚	淺野八郎著	140 元
6.	性格測驗　洞穿心理盲點	淺野八郎著	140 元
7.	性格測驗　探索對方心理	淺野八郎著	140 元
8.	性格測驗　由吃認識自己	淺野八郎著	160 元
9.	性格測驗　戀愛知多少	淺野八郎著	160 元
10.	性格測驗　由裝扮瞭解人心	淺野八郎著	160 元
11.	性格測驗　敲開內心玄機	淺野八郎著	140 元
12.	性格測驗　透視你的未來	淺野八郎著	160 元
13.	血型與你的一生	淺野八郎著	160 元
14.	趣味推理遊戲	淺野八郎著	160 元
15.	行爲語言解析	淺野八郎著	160 元

・婦 幼 天 地・電腦編號 16

1.	八萬人減肥成果	黃靜香譯	180 元
2.	三分鐘減肥體操	楊鴻儒譯	150 元
3.	窈窕淑女美髮秘訣	柯素娥譯	130 元
4.	使妳更迷人	成　玉譯	130 元
5.	女性的更年期	官舒妍編譯	160 元
6.	胎內育兒法	李玉瓊編譯	150 元
7.	早產兒袋鼠式護理	唐岱蘭譯	200 元
8.	初次懷孕與生產	婦幼天地編譯組	180 元
9.	初次育兒 12 個月	婦幼天地編譯組	180 元
10.	斷乳食與幼兒食	婦幼天地編譯組	180 元
11.	培養幼兒能力與性向	婦幼天地編譯組	180 元
12.	培養幼兒創造力的玩具與遊戲	婦幼天地編譯組	180 元
13.	幼兒的症狀與疾病	婦幼天地編譯組	180 元
14.	腿部苗條健美法	婦幼天地編譯組	180 元
15.	女性腰痛別忽視	婦幼天地編譯組	150 元
16.	舒展身心體操術	李玉瓊編譯	130 元
17.	三分鐘臉部體操	趙薇妮著	160 元
18.	生動的笑容表情術	趙薇妮著	160 元
19.	心曠神怡減肥法	川津祐介著	130 元
20.	內衣使妳更美麗	陳玄茹譯	130 元
21.	瑜伽美姿美容	黃靜香編著	180 元
22.	高雅女性裝扮學	陳珮玲譯	180 元
23.	蠶糞肌膚美顏法	梨秀子著	160 元

24. 認識妳的身體　李玉瓊譯　160元
25. 產後恢復苗條體態　居理安・芙萊喬著　200元
26. 正確護髮美容法　山崎伊久江著　180元
27. 安琪拉美姿養生學　安琪拉蘭斯博瑞著　180元
28. 女體性醫學剖析　增田豐著　220元
29. 懷孕與生產剖析　岡部綾子著　180元
30. 斷奶後的健康育兒　東城百合子著　220元
31. 引出孩子幹勁的責罵藝術　多湖輝著　170元
32. 培養孩子獨立的藝術　多湖輝著　170元
33. 子宮肌瘤與卵巢囊腫　陳秀琳編著　180元
34. 下半身減肥法　納他夏・史達賓著　180元
35. 女性自然美容法　吳雅菁編著　180元
36. 再也不發胖　池園悅太郎著　170元
37. 生男生女控制術　中垣勝裕著　220元
38. 使妳的肌膚更亮麗　楊　皓編著　170元
39. 臉部輪廓變美　芝崎義夫著　180元
40. 斑點、皺紋自己治療　高須克彌著　180元
41. 面皰自己治療　伊藤雄康著　180元
42. 隨心所欲瘦身冥想法　原久子著　180元
43. 胎兒革命　鈴木丈織著　180元
44. NS 磁氣平衡法塑造窈窕奇蹟　古屋和江著　180元
45. 享瘦從腳開始　山田陽子著　180元
46. 小改變瘦 4 公斤　宮本裕子著　180元
47. 軟管減肥瘦身　高橋輝男著　180元
48. 海藻精神秘美容法　劉名揚編著　180元
49. 肌膚保養與脫毛　鈴木真理著　180元
50. 10 天減肥 3 公斤　彤雲編輯組　180元
51. 穿出自己的品味　西村玲子著　280元
52. 小孩髮型設計　李芳黛譯　250元

・青春天地・電腦編號 17

1. A 血型與星座　柯素娥編譯　160元
2. B 血型與星座　柯素娥編譯　160元
3. O 血型與星座　柯素娥編譯　160元
4. AB 血型與星座　柯素娥編譯　120元
5. 青春期性教室　呂貴嵐編譯　130元
7. 難解數學破題　宋釗宜編譯　130元
9. 小論文寫作秘訣　林顯茂編譯　120元
11.中學生野外遊戲　熊谷康編著　120元
12.恐怖極短篇　柯素娥編譯　130元
13.恐怖夜話　小毛驢編譯　130元
14.恐怖幽默短篇　小毛驢編譯　120元
15.黑色幽默短篇　小毛驢編譯　120元

16.靈異怪談	小毛驢編譯	130 元
17.錯覺遊戲	小毛驢編著	130 元
18.整人遊戲	小毛驢編著	150 元
19.有趣的超常識	柯素娥編譯	130 元
20.哦！原來如此	林慶旺編譯	130 元
21.趣味競賽 100 種	劉名揚編譯	120 元
22.數學謎題入門	宋釗宜編譯	150 元
23.數學謎題解析	宋釗宜編譯	150 元
24.透視男女心理	林慶旺編譯	120 元
25.少女情懷的自白	李桂蘭編譯	120 元
26.由兄弟姊妹看命運	李玉瓊編譯	130 元
27.趣味的科學魔術	林慶旺編譯	150 元
28.趣味的心理實驗室	李燕玲編譯	150 元
29.愛與性心理測驗	小毛驢編譯	130 元
30.刑案推理解謎	小毛驢編譯	180 元
31.偵探常識推理	小毛驢編譯	180 元
32.偵探常識解謎	小毛驢編譯	130 元
33.偵探推理遊戲	小毛驢編譯	180 元
34.趣味的超魔術	廖玉山編著	150 元
35.趣味的珍奇發明	柯素娥編著	150 元
36.登山用具與技巧	陳瑞菊編著	150 元
37.性的漫談	蘇燕謀編著	180 元
38.無的漫談	蘇燕謀編著	180 元
39.黑色漫談	蘇燕謀編著	180 元
40.白色漫談	蘇燕謀編著	180 元

・健康天地・電腦編號 18

1. 壓力的預防與治療	柯素娥編譯	130 元
2. 超科學氣的魔力	柯素娥編譯	130 元
3. 尿療法治病的神奇	中尾良一著	130 元
4. 鐵證如山的尿療法奇蹟	廖玉山譯	120 元
5. 一日斷食健康法	葉慈容編譯	150 元
6. 胃部強健法	陳炳崑譯	120 元
7. 癌症早期檢查法	廖松濤譯	160 元
8. 老人痴呆症防止法	柯素娥編譯	130 元
9. 松葉汁健康飲料	陳麗芬編譯	130 元
10. 揉肚臍健康法	永井秋夫著	150 元
11. 過勞死、猝死的預防	卓秀貞編譯	130 元
12. 高血壓治療與飲食	藤山順豐著	180 元
13. 老人看護指南	柯素娥編譯	150 元
14. 美容外科淺談	楊啓宏著	150 元
15. 美容外科新境界	楊啓宏著	150 元
16. 鹽是天然的醫生	西英司郎著	140 元

17. 年輕十歲不是夢	梁瑞麟譯	200 元
18. 茶料理治百病	桑野和民著	180 元
19. 綠茶治病寶典	桑野和民著	150 元
20. 杜仲茶養顏減肥法	西田博著	170 元
21. 蜂膠驚人療效	瀨長良三郎著	180 元
22. 蜂膠治百病	瀨長良三郎著	180 元
23. 醫藥與生活	鄭炳全著	180 元
24. 鈣長生寶典	落合敏著	180 元
25. 大蒜長生寶典	木下繁太郎著	160 元
26. 居家自我健康檢查	石川恭三著	160 元
27. 永恆的健康人生	李秀鈴譯	200 元
28. 大豆卵磷脂長生寶典	劉雪卿譯	150 元
29. 芳香療法	梁艾琳譯	160 元
30. 醋長生寶典	柯素娥譯	180 元
31. 從星座透視健康	席拉・吉蒂斯著	180 元
32. 愉悅自在保健學	野本二士夫著	160 元
33. 裸睡健康法	丸山淳士等著	160 元
34. 糖尿病預防與治療	藤田順豐著	180 元
35. 維他命長生寶典	菅原明子著	180 元
36. 維他命 C 新效果	鐘文訓編	150 元
37. 手、腳病理按摩	堤芳朗著	160 元
38. AIDS 瞭解與預防	彼得塔歇爾著	180 元
39. 甲殼質殼聚糖健康法	沈永嘉譯	160 元
40. 神經痛預防與治療	木下真男著	160 元
41. 室內身體鍛鍊法	陳炳崑編著	160 元
42. 吃出健康藥膳	劉大器編著	180 元
43. 自我指壓術	蘇燕謀編著	160 元
44. 紅蘿蔔汁斷食療法	李玉瓊編著	150 元
45. 洗心術健康秘法	竺翠萍編譯	170 元
46. 枇杷葉健康療法	柯素娥編譯	180 元
47. 抗衰血癒	楊啓宏著	180 元
48. 與癌搏鬥記	逸見政孝著	180 元
49. 冬蟲夏草長生寶典	高橋義博著	170 元
50. 痔瘡・大腸疾病先端療法	宮島伸宜著	180 元
51. 膠布治癒頑固慢性病	加瀨建造著	180 元
52. 芝麻神奇健康法	小林貞作著	170 元
53. 香煙能防止癡呆？	高田明和著	180 元
54. 穀菜食治癌療法	佐藤成志著	180 元
55. 貼藥健康法	松原英多著	180 元
56. 克服癌症調和道呼吸法	帶津良一著	180 元
57. B 型肝炎預防與治療	野村喜重郎著	180 元
58. 青春永駐養生導引術	早島正雄著	180 元
59. 改變呼吸法創造健康	原久子著	180 元
60. 荷爾蒙平衡養生秘訣	出村博著	180 元

國家圖書館出版品預行編目資料

成功隨時掌握在凡人手上/竹村健一著，林雅倩譯
——初版，——臺北市，大展，2000〔民 89〕
面；21 公分，——（超經營新智慧；12）
ISBN 957-468-044-4（平裝）
1.企業管理　2.成功法
494　89015726

DAISEIKOU WA ITSUMO BONJIN NO TE NI ATTA by Ken'ichi Takemura
Copyright 1999 by Ken'ichi Takemura All rights reserved
Original Japanese edition published by PHP Institute, Inc.
Chinese translation rights arranged with Ken'ichi Takemura
through Japan Foreign-Rights Centre/Keio Cultural Enterprise Co., Ltd.

版權仲介：京王文化事業有限公司
【版權所有・翻印必究】

成功隨時掌握在凡人手上　ISBN 957-468-044-4

原著者／竹村健一
編譯者／林雅倩
發行人／蔡森明
出版者／大展出版社有限公司
社址／台北市北投區（石牌）致遠一路 2 段 12 巷 1 號
電話／（02）28236031・28236033・28233123
傳真／（02）28272069
郵政劃撥／01669551
E-mail / dah-jaan @ms 9.tisnet.net.tw
登記證／局版臺業字第 2171 號
承印者／高星印刷品行
裝訂／日新裝訂所
排版者／弘益電腦排版有限公司
初版 1 刷／2000 年（民 89 年）12 月

定價／220 元

●本書若有破損、缺頁敬請寄回本社更換●

大展好書 好書大展

大展好書 好書大展